Richard Podloucky

Froschkonzert am Gartenteich

Unsere Frösche und Kröten beobachten und schützen

Herausgegeben von Gunter Steinbach

KOSMOS

Der Autor **Richard Podloucky**, geb. 1947, ist Zoologe und arbeitet im Niedersächsischen Landesamt für Ökologie, der Fachbehörde für Naturschutz des Landes Niedersachsen, im Bereich Artenschutz. Er ist seit vielen Jahren in der Leitung der AG Feldherpetologie der Deutschen Gesellschaft für Herpetologie und Terrarienkunde (DGHT) tätig und engagiert sich als Mitglied des Conservation Committee der Societas Europaea Herpetologica (SEH) und der IUCN Specialist Group auch für den Schutz der europäischen Amphibien und Reptilien.

Die Rufe der Frösche und Kröten auf der CD wurden von **Jean C. Roché**, Mens, aufgenommen.

Mit 1 Vignette (S.4) und 13 Bestimmungszeichnungen (Abb. 11, 27) von Marianne Golte-Bechtle, 6 Zeichnungen von Johannes-Christian Rost (Abb. 14, 22, 26, 27, 28, 32) und 48 Bestimmungszeichnungen aus den Büchern Zahradnik, Der Kosmos-Tierführer (1986), Zahradnik, Der Kosmos-Insektenführer (1989), Felix/Toman, Der Große Kosmos Naturführer (1972/1990) alle erschienen im Franckh-Kosmos Verlag, Stuttgart (mit freundlicher Genehmigung des Aventinum Verlags Prag; 35 Ill. von Alena Cepicka).
Mit 4 Fotos von Werner Fiedler (Abb. 12), Hans Reinhard (Abb. 25), Walter Rohdich/Silvestris (S. 2/3) und Günter Schlottmann (Abb. 8). Alle anderen Fotos sind vom Autor, Richard Podloucky.

Diesem Buch liegen die Texte des Buches „Wir tun was für Frösche und Kröten“ von Richard Podloucky (erschienen im Franz Schneider Verlag, München 1986, und Kosmos Verlag, Stuttgart 1991) zugrunde. Sie wurden für das hier vorliegende Buch vom Autor überarbeitet und aktualisiert.

Die hier vorliegende Fassung des Buches wurde in Zusammenarbeit mit dem NABU (Naturschutzbund Deutschland) herausgegeben.

Gunter Steinbach, geb. 1938, war nach seinem Studium in Hamburg 15 Jahre in Verlagen tätig und bewirtschaftet seit 1978 seinen Gründland- und Gartenhof im Westallgäu. Er ist Autor oder Herausgeber einer großen Zahl von Büchern im Bereich Natur und biologischer Gartenbau. Er gründete 1985 die Aktion Ameise und gehört dem Naturschutzbeirat seines Landkreises an.

Die Deutsche Bibliothek – CIP-Einheitsaufnahme
Ein Titelsatz für diese Publikation ist bei der Deutschen Bibliothek erhältlich.

Umschlaggestaltung von Friedhelm Steinen-Broo, eStudio Calamar, unter Verwendung zweier Fotos von Manfred Pforr: Teichfrosch (Hauptmotiv) und Walter Rohdich/Silvestris: Wasserfrosch (Hintergrundmotiv).

ISBN 3-440-08574-0
Layout-Konzept: Creativ GmbH, Ulrich Kolb, Leutenbach
Lektorat: Angelika Holdau, Almuth Sieben
Herstellung: Martina Gronau, Heiderose Stetter
Satz: Martina Gronau
Druck und buchbinderische Verarbeitung: Těšínská Tiskárna, a.s., Český Těšín
Printed in Czech Republic / Imprimé en République Tchèque

Zum Buch

Nach aktueller Statistik nimmt die Bevölkerung in Deutschland ab. Trotzdem wird immer mehr Natur verbraucht. Von den 21 in Deutschland heimischen Lurcharten (Salamander, Molche, Kröten und Frösche) stehen derzeit 14 auf der Roten Liste. Das heißt: Sie sind bedroht. Viel einschneidender noch als das alljährliche Massensterben unter Autoreifen an vielen straßenquerenden Wanderwegen wirken sich Veränderungen und Zerstörungen der Lebensräume unserer heimischen Lurche aus.

Von Gartenteichen geht sowohl für den Menschen als auch für verschiedene Tiergruppen eine hohe Attraktivität aus. Wenngleich durch die Anlage eines Gartenteiches der Rückgang von Lurchen nicht aufgehalten werden kann, bieten derartige Kleingewässer – in Verbindung mit einer naturverträglichen Gartenpflege oder einem naturnahen Umland – den örtlich noch häufigeren Lurcharten Lebensstätten, die ihnen in der freien Landschaft immer mehr beschnitten werden.

Was bei der Anlage eines Gewässers zu beachten ist, welche Beobachtungsmöglichkeiten es gibt und wie man sonst noch zum Schutz der bedrohten Amphibien beitragen kann, wird in diesem Buch von Richard Podloucky beschrieben. Er setzt sich seit Jahrzehnten auch beruflich erfolgreich für die Lurche unserer Heimat ein und kann deshalb mit einer überraschenden Fülle praktikabler Tipps aufwarten. Denn Aktionen für den Artenschutz helfen den bedrohten Tieren nur, wenn sie gut geplant und sachgemäß durchgeführt werden.

Gunter Steinbach

Inhalt

Ein Platz für Lurche

Die ersten warmen Strahlen der Märzsonne lassen die Lurche aus ihrer nahezu halbjährigen Winterruhe, die sie im Boden unter Laub, moderndem Holz oder am Bodengrund eines Weihers verbracht haben, erwachen. Ein angeborener Instinkt veranlasst sie, zielstrebig ein Gewässer aufzusuchen, um sich dort fortzupflanzen.

Bei einigen Arten wie der Erdkröte treffen sich die Partner am selben Weiher zur selben Zeit und verzichten daher auf laute Lockrufe. Bei anderen Arten verkünden die Männchen mit Hilfe von Schallblasen lautstark, dass sie ein Gewässer besetzt haben. Ihre Rufe dienen zunächst der Anlockung der Weibchen, aber auch der Revierabgrenzung, und in mancher warmen Frühsommernacht hat man das Gefühl, als wenn die Frösche einfach nur aus Freude am Leben quaken.

Glaubt man den Erzählungen älterer Dorfbewohner, dann konnte man noch vor wenigen Jahrzehnten überall in der Landschaft das Gequake und Trillern der Frösche und Kröten vernehmen. Heute ist das Froschkonzert an vielen Orten in unserer monotonisierten Landschaft verstummt. Die Vielfalt früherer Lebensräume existiert nicht mehr. Feuchtgebiete wurden trockengelegt, die vielen Tümpel und Weiher verfüllt oder in Fischteiche umgewandelt.

Das Überleben unserer heimischen Amphibien kann nur dann dauerhaft gesichert werden, wenn die verbliebenen Lebensräume verbessert, neue wieder hergestellt werden. Es ist klar, dass dieses in der Regel nur in der freien Landschaft erfolgreich umgesetzt werden kann. Doch auch die Anlage eines naturnah gestalteten Gartenteiches auf dem eigenen Grundstück kann ein kleiner Baustein zur Bereicherung des Lebensraumes für Molche, Erdkröte, Gras- oder Teichfrosch sein.

Gleichzeitig besteht die Möglichkeit, sich aktiv zu betätigen und ein Stückchen Natur in den eigenen Lebensbereich zu holen. Neben Rasen, Blumenwiese, Gehölzen und Blumenbeeten bringt gerade Wasser zusätzliches Leben in den Garten, kann sich zu einer Oase der Entspannung entwickeln. Die Beschäftigung mit dem Gartenteich, die Beobachtung der Eigenheiten und Vielfalt der am und im Wasser lebenden Pflanzen und Tiere lassen uns abschalten vom Tagesgeschäft.

Man wird überrascht sein, wie schnell sich die ersten Wasserkäfer, Libellen, Molche, Erdkröten oder Frösche einfinden werden, wenn dieser Kleinstlebensraum für sie geeignet ist. Laich oder Kaulquappen sowie Frösche und Kröten an einem nahen Naturweiher zu fangen und in den eigenen Gartenteich zu bringen, ist zwar immer noch weit verbreitet, aber auf Grund des Naturschutzgesetzes verboten.

Vielfältige Abwechslung gibt es bei der Beobachtung am Gartenteich und Weiher: Zunächst wird man bemüht sein herauszubekommen, um welche Arten es sich handelt. Interessant wird es, den Verhaltensweisen der einzelnen Arten zuzuschauen, die Entwicklung der Lurche von der Eiablage über die Larven bis hin zur Umwandlung zum Landleben zu verfolgen und dem Froschkonzert zu lauschen. Letztendlich kann die Begeisterung bei der Beschäftigung mit den Lurchen auch das Interesse wecken, außerhalb des eigenen Gartens etwas für den Schutz der Amphibien tun zu wollen, z.B. einen Krötenzaun zu bauen.

Bild 2:
Lurche fühlen sich nicht eklig und glitschig an. Hier eine Gelbbauchunke in Abwehrhaltung (Kahnstellung).

Bild 1:
Bereits auf der Wanderung zum angestammten Laichgewässer treffen Erdkröten aufeinander. „Huckepack“ nimmt das Männchen das Weibchen in Besitz.

Bild 3:
Lautstark verkündet das Kreuzkröten-Männchen den Artgenossen seine Position im Tümpel in der Hoffnung, dass sich eine Partnerin findet.

Bild 4:
Balzende Grasfrösche in ihrem Laichgewässer. Auch Gartenteiche werden von ihnen aufgesucht.

Kleine Lurchkunde

Es macht wohl kaum Schwierigkeiten, Frosch und Kröte von einem Fisch oder einer Eidechse zu unterscheiden. Molche und Salamander dagegen werden häufig für Eidechsen gehalten und besonders während der Paarungszeit im Wasser als „Wassereidechse“ bezeichnet. Das ist natürlich falsch, denn unsere heimischen Eidechsen gehören ebenso wie die Schlangen, die Sumpfschildkröte und die Blindschleiche zu den Kriechtieren (Reptilien), Molche, Salamander, Frösche und Kröten dagegen zu den Lurchen (Amphibien).

Vom Fisch zum Lurch

Auch wenn es schwer fällt, Ähnlichkeiten zwischen einem Fisch und einer Kröte festzustellen, bilden die Lurche innerhalb der Wirbeltiere den Übergang vom Wasser- zum Landleben und stellen damit das Bindeglied zwischen den Fischen einerseits, den Kriechtieren, Vögeln und Säugetieren andererseits dar. Die Lurche stammen von Fischen ab, die bereits Lungen besaßen und ihre Flossen wie Vorder- und Hinterbeine benutzen konnten. Sie waren sogar in der Lage, bei Austrocknung ihres Gewässers kurze Strecken über Land zu „laufen“. Neben weiteren Umbildungen des Körpers waren dies die Grundvoraussetzungen, um überhaupt an Land leben zu können. Die Lurche schafften den „Landgang“ der Wirbeltiere erfolgreich. Wir können noch heute während der Entwicklung vom Ei über die zunächst fischähnliche Kaulquappe bis zum landbewohnenden Jungfrosch beobachten, wie sich vor etwa 360 Millionen Jahren die Entwicklung vom Wasser- zum Landleben vollzogen haben mag. Wissenschaftlich werden Lurche daher Amphibien genannt, was soviel bedeutet wie: zwei Lebensbereiche, das Wasser und das Land, bewohnend.

Bild 5:
Ist die Umwandlung (Metamorphose) der Erdkröten-Kaulquappen beendet, sammeln sie sich, um an Land zu gehen.

Typische Merkmale

Während Fische noch Flossen tragen, weisen Lurche bereits Vorder- und Hinterbeine mit gewöhnlich 4 Fingern und 5 Zehen auf. Im Gegensatz zu den Kriechtieren schützen sich Lurche weder mit einem Schuppenkleid noch mit einem Hautpanzer, sondern haben eine nackte, drüsenreiche Haut. Ebenso fehlen ihnen Haare und Federn. Die verhornte Oberhaut wird regelmäßig gehäutet, während sich in der Unterhaut viele Schleim- und Giftdrüsen sowie Zellen mit verschiedenen Farbstoffen befinden. Die Schleimdrüsen umgeben die weiche Haut mit einer feuchten Ausscheidung (Sekret), die gegen Austrocknung schützt. Viele Lurche fühlen sich daher schlüpfrig an. Die Giftdrüsen bilden zum Teil recht starke Gifte, die der Abwehr von Fressfeinden dienen. Die Pigmentzellen bewirken die Körperfarbe und den Farbwechsel und dienen gleichzeitig dem Sonnenschutz und der Tarnung.

Bild 6:
Die typische Färbung und senkrechte Pupillen charakterisieren die nachtaktive Knoblauchkröte.

Atmung und Körpertemperatur

Auf Grund ihrer amphibischen Lebensweise verfügen die Lurche über verschiedene Möglichkeiten der Atmung: mit Lungen, über die Mundhöhlenschleimhaut, durch die dünne, gut durchblutete Haut und während der Larvenzeit auch mit äußeren oder inneren Kiemen.

Lurche sind wechselwarme Tiere; ihre Körpertemperatur entspricht weitgehend der jeweiligen Außentemperatur und kann nicht wie bei Vögeln oder Säugetieren geregelt werden. Den Winter verbringen sie daher in einer Art Starrezustand in geschützten Verstecken, im Boden oder am Grund von Gewässern.

Fortpflanzung und Entwicklung

Lurche sind getrenntgeschlechtlich, es gibt also Männchen und Weibchen. Bei der Paarung kommen sowohl innere als auch äußere Befruchtung vor. Bei der wesentlich häufigeren äußeren Befruchtung, wie sie z.B. beim Grasfrosch stattfindet, umklammert das Männchen mit den Vorderbeinen das Weibchen und besamt die rund 3000 mit einer Gallertschicht umhüllten Eier (Laich), die das Weibchen in das Wasser abgibt. Die miteinander verklebten Gallerthüllen um die Eier quellen im Wasser auf und bilden einen Laichballen. Im Gegensatz zu den übrigen Landwirbeltieren führt die Entwicklung der Lurche über wasserlebende, fischähnliche Larven, die sich in Aussehen und Lebensweise stark von den ausgewachsenen Tieren unterscheiden und später eine Umwandlung (Metamorphose) zu ihrer endgültigen Gestalt durchmachen. Die Larven des Grasfrosches (Kaulquappen) befreien sich nach etwa drei Wochen aus der Gallerthülle. Sie atmen zunächst mit büschelartigen äußeren Kiemen, die sich schon nach wenigen Tagen zu Innenkiemen umbilden. Ihre Nahrung nehmen die Kaulquappen mit Hilfe kleiner Raspelzähne auf. Die Fortbewegung erfolgt mittels eines flossenumsäumten Ruderschwanzes. Nach einigen Wochen entwickeln sich zuerst die Hinterbeine. Etwas später brechen auch die Vorderbeine durch die Haut, und die runde Mundöffnung formt sich zu einer breiten Spalte um. Bei der Umwandlung zum Landleben bilden sich bei den Amphibien die Kiemen und Flossensäume, beim Grasfrosch und allen anderen Kröten und Fröschen auch der Ruderschwanz zurück. Jetzt beginnen die Larven mit Lungen zu atmen. Auch die Haut verändert sich in Struktur und Farbe. Die Entwicklung vom befruchteten Ei bis zum kleinen Grasfrosch dauert zehn Wochen. In der Regel kümmern sich die Eltern nicht um ihren Nachwuchs. Bis zum Eintritt der Geschlechtsreife im 3. Lebensjahr wird der heranwachsende Grasfrosch sein Leben an Land verbringen. Erst dann kehrt er zum Laichgewässer zurück.

Bei Fröschen und Kröten sind Lautäußerungen besonders während der Paarungszeit zu vernehmen. Bei zahlreichen Arten werden die Rufe der Männchen durch Schallblasen verstärkt und ermöglichen damit den Partnern, sich auf größere Entfernung zu finden.

Verbreitung

Lurche sind über die ganze Erde verbreitet. Sie fehlen nur in Gebieten mit Dauerfrost (Polarregionen, schneebedeckte Hochgebirgszonen) sowie im Salzwasser der Meere. Ihren weitaus größten Artenreichtum entfalten sie in den feuchtwarmen tropischen Gebieten Südamerikas, Asiens und Afrikas.

Bild 7:
Brutpflege des Geburtshelferkröten-Männchens: Es trägt die Eischnüre, um die Hinterbeine gewickelt, mit sich herum.

Lebensraum

Der Lebensraum von Molchen, Kröten und Fröschen wird zunächst mit Teichen und Tümpeln in Verbindung gebracht, denn dort kann man die Tiere am leichtesten bei der Balz und Eiablage beobachten, später dann auch die heranwachsenden Larven. Doch Gewässer stellen für die meisten Arten nur einen Teillebensraum dar, in dem sie sich während der Fortpflanzung und Entwicklung aufhalten. Den Sommer und den Winter verbringen viele Lurche an Land in der näheren Umgebung ihrer Laichgewässer.

Laichgewässer und Landlebensräume zusammen bilden den Jahreslebensraum. Nur die Wasserfrösche, normalerweise Bewohner größerer Gewässer, bleiben auch im Sommer am Ufer und überwintern im frostfreien Bodenschlamm. Im Gegensatz dazu ist der Alpensalamander unabhängig vom Wasser. Er bringt seine fertig entwickelten Jungen an Land zur Welt.

Bild 8:
Der Laubfrosch erzeugt seine weit hörbaren Rufe mit Hilfe einer einzelnen großen Schallblase.

Bild 9: Überschwemmungswiesen in den Flussniederungen (hier der Elbe) gehören zu den wertvollsten Lebensräumen für Lurche.

Verschiedene Paarungszeiten und unterschiedliche Ansprüche an das Laichgewässer verhindern, dass alle Lurcharten zur gleichen Zeit am gleichen Ort eintreffen und sich gegenseitig Konkurrenz machen. Bevorzugt werden Weiher mit starkem Wasser- und Uferpflanzenbewuchs sowie Tümpel, die sich auf Grund der geringen Wassertiefe schnell erwärmen und im Hochsommer gelegentlich austrocknen. Sie sind daher gewöhnlich frei von Fischen, die sich als Kaulquappenräuber betätigen.

Besonders die Bewohner ehemals unberührter Flussauen, wie z.B. Gelbbauchunke, Geburtshelferkröte und Kreuzkröte, haben heute ihre ursprünglichen Lebensräume durch Begradigung und Eindeichung der Flüsse weitgehend verloren. Für sie bieten Kies-, Sand- und Tongruben sowie Steinbrüche mit ihren Flachgewässern wertvolle Ersatzlebensräume.

Lebensweise

Bei starker Hitze oder Kälte graben sich die Lurche im Erdboden oder im Schlamm des Gewässergrundes ein. Auf diese Weise verbringen unsere heimischen Amphibien ihre winterliche Ruhezeit. Zahlreiche Lurche sind am Tag aktiv; die meisten werden jedoch erst mit Einbruch der Dämmerung munter, während sie tagsüber an kühlen, feuchten, schattigen Plätzen im Versteck sitzen. So sind sie am besten vor der Austrocknung durch Wind und Sonne geschützt.

Nahrung

Während besonders die Larven der Schwanzlurche Jagd auf kleinste Wassertiere wie beispielsweise Wasserflöhe machen, nehmen die Kaulquappen der Froschlurche vorwiegend pflanzliche Nahrung zu sich, die sie mit ihren Hornzähnchen abraspeln, fressen aber auch Laich oder sogar Aas. Nach der Umwandlung zum Landleben ernähren sich Lurche von Regenwürmern, kleinen Nacktschnecken, Käfern, Fliegen, Schmetterlingen, Ameisen und anderen Insektenarten sowie deren Larven. Aber auch Asseln, Tausendfüßer und Spinnen werden nicht verschmäht. Wasserfrösche können sogar kleinere Wirbeltiere verzehren. Wichtig ist nur, dass sich die Beutetiere bewegen. Zunächst wird die Beute optisch fixiert, dann nähert sich der Lurch langsam oder richtet seine Körperlängsachse auf das Beuteobjekt aus. Er schnappt es mit einem kräftigen Sprung (z.B. Wasserfrösche), der „Schleuderzunge“ (z.B. Kröten) oder einfach mit den Kiefern und verschlingt es in einem Stück.

Entsprechend ihrer Abhängigkeit von der Außentemperatur fressen Lurche während der warmen Sommerzeit so viel, dass sie längere Kälteperioden ohne Nahrungsaufnahme überdauern können. Bis zu sechs Monaten kann diese Fastenzeit währen.

Lurche trinken nicht, sondern nehmen die notwendige Körperflüssigkeit über ihre Haut auf, indem sie Gewässer aufsuchen oder durch nasses Gras streifen.

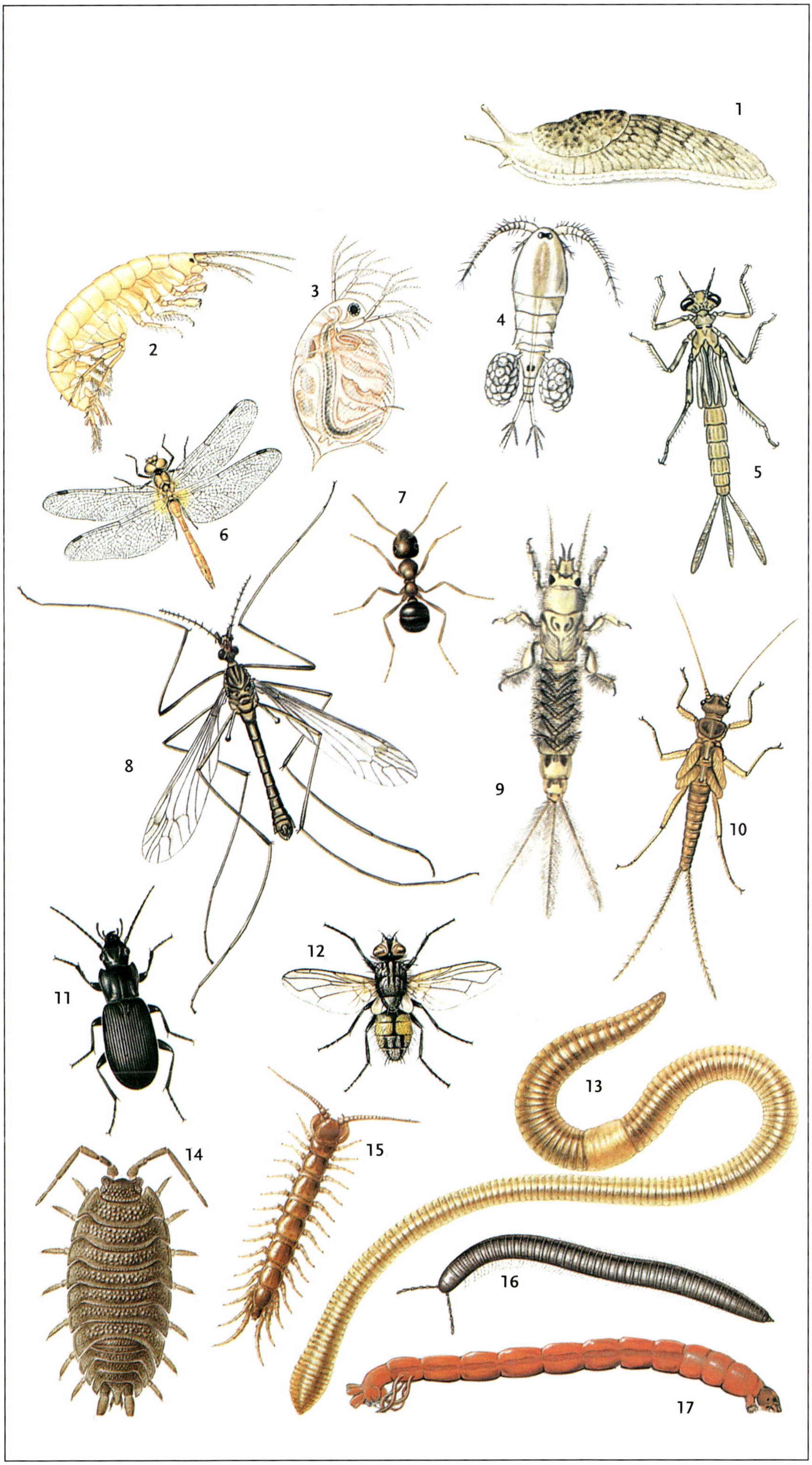

Bild 10:
Nahrung der Lurche:
1 Nacktschnecken
2 Flohkrebse
3 Wasserflöhe
4 Hüpferlinge
5 Larven von Kleinlibellen
6 Großlibellen
7 Ameisen
8 Schnaken
9 Larven von Eintagsfliegen
10 Larven von Steinfliegen
11 Laufkäfer
12 Fliegen
13 Regenwürmer
14 Asseln
15 Steinläufer
16 Schnurfüßer
17 Larven von Zuckmücken

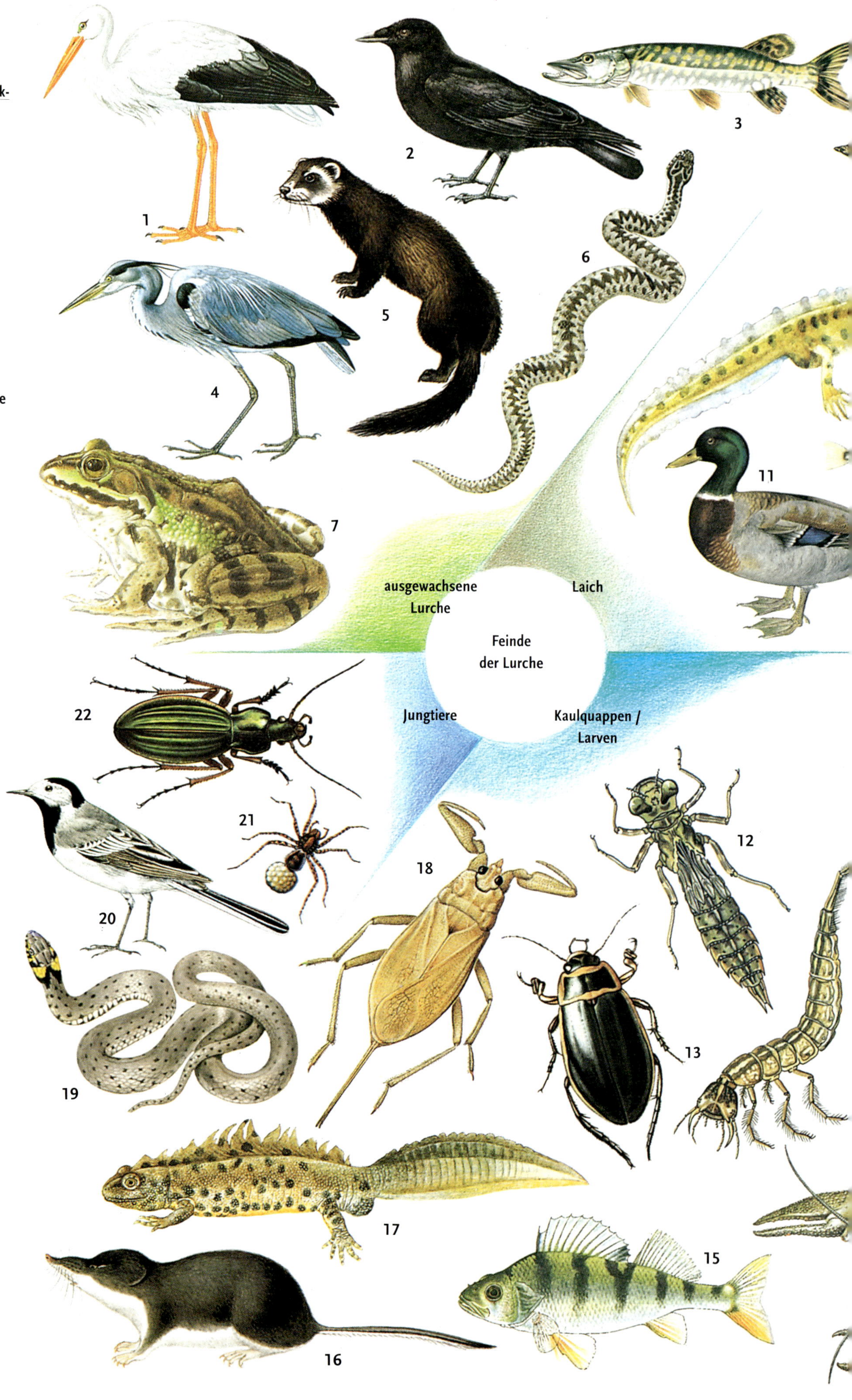

Bild 11:
Diese Tiere machen Jagd auf Lurche und ihre Entwicklungsformen:

1 Weißstorch
2 Rabenkrähe
3 Hecht
4 Graureiher
5 Iltis
6 Kreuzotter
7 Seefrosch
8 Schlammschnecke
9 Teichmolch
10 Stichling
11 Stockente
12 Libellenlarve
13 Gelbrandkäfer und seine Larve
14 Flusskrebs
15 Flussbarsch
16 Wasserspitzmaus
17 Kammmolch
18 Wasserskorpion
19 Ringelnatter
20 Bachstelze
21 Wolfsspinne
22 Laufkäfer

Feinde

8

9

10

Lurche haben eine Vielzahl von Feinden. Sie dienen vielen größeren Tieren als fester Bestandteil der Nahrung; manche Tierarten, wie z.B. junge Kreuzottern oder Weißstörche, sind zeitweise geradezu abhängig vom Angebot an Fröschen. Gelbrandkäfer und seine Larven, Wasserwanzen, Libellenlarven, Fische, Molche und Enten machen Jagd auf Laich und Larven. Nach der Umwandlung sind die Jungtiere dann Beute von großen Laufkäfern, Amphibien wie dem Seefrosch, jungen Schlangen und Vögeln.

Ausgewachsene Froschlurche werden schließlich von Eulen, Krähen, Reihern, Störchen, Wasserspitzmäusen, Igeln, Iltissen und Ringelnattern gefressen. Selbst Kannibalismus ist nicht ausgeschlossen.

Gegen die große Zahl ihrer Feinde versuchen sich Feuersalamander, Kröten und Unken durch die Ausscheidung von Hautgiften zu schützen. Feuersalamander und Unken besitzen gleichzeitig eine auffällige Warnfärbung, die auf viele Räuber abschreckend wirkt. Erdkröten blähen sich auf. Die meisten Lurche suchen jedoch ihr Heil in der Flucht, verlassen sich auf ihre Tarnfärbung oder verbringen die meiste Zeit des Tages in sicheren Verstecken.

Die hohen Verluste Abertausender von Lurchen sind von der Natur gewissermaßen eingeplant: Sie werden durch die hohe Vermehrungsrate wieder ausgeglichen. Natürliche Feinde können daher niemals eine echte Gefahr für Molche, Salamander, Kröten und Frösche werden.

Systematik

Die mehr als 5000 Lurcharten auf der Erde, deren Größe zwischen weniger als einem Zentimeter und mehr als eineinhalb Metern betragen kann, gliedert man in drei Ordnungen:

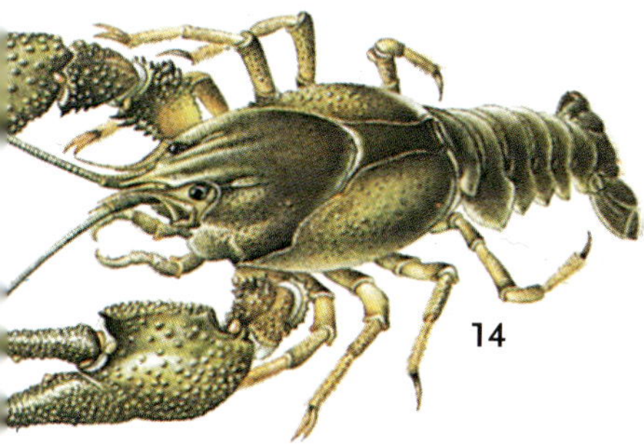

14

Blindwühlen

Blindwühlen sind wurmförmige, unterirdisch oder im Wasser lebende, meist schwanzlose Lurche. Sie fehlen bei uns.

Schwanzlurche

Zu ihnen gehört die Familie der Salamander und Molche mit ca. 430 Arten. Sie besitzen einen langgestreckten Körper und Schwanz (eidechsenähnlich), kurze Beine und bewegen sich schlängelnd fort. Bei uns 7 Arten.

Bild 12: Schwanzlurche, wie z.B. den Fadenmolch, kann man an ihrem langgestreckten Körperbau erkennen.

Froschlurche

Diese größte Gruppe der Lurche umfasst mehr als 4300 Arten. Die bei uns lebenden 14 Unken-, Kröten- und Froscharten gehören zu den Familien der Scheibenzüngler, Krötenfrösche, Echten Kröten, Laubfrösche und Echten Frösche. Sie haben nach der Umwandlung der Kaulquappe zum Landbewohner keinen Schwanz mehr und bewegen sich mit ihren längeren Hinterbeinen meist hüpfend fort.

Bild 13: Froschlurche, wie z.B. der Teichfrosch, sind hingegen gedrungen und haben keinen Schwanz.

Lurche in Deutschland

In Deutschland leben 21 Lurcharten, die man sechs verschiedenen Familien zuordnet. Sie werden im folgenden kurz beschrieben. Ein Bestimmungs- oder Fachbuch können diese Steckbriefe nicht ersetzen. Hinweise auf einige besonders geeignete Bücher finden sich am Ende dieses Buches.

Steckbriefe der 21 Arten

FAMILIE SALAMANDER UND MOLCHE

Feuersalamander
Aussehen: glänzend schwarzer Körper mit gelben Flecken und Streifen. Länge: bis 20 cm.
Vorkommen: vorwiegend Laubwälder des Hügel- und Berglandes.

Feuersalamander

Alpensalamander
Aussehen: ähnlich Feuersalamander, aber ganz schwarz.
Länge: bis 16 cm.
Vorkommen: ausschließlich in höheren Berglagen ab 700 m bis an die Baumgrenze (Alpen).

Alpensalamander

Kammmolch
Aussehen: oberseits braunschwarz mit schwarzem Fleckmuster, Bauch leuchtend gelborange mit dunklen Flecken. Männchen während der Paarungszeit mit hohem, zackigem Kamm, der am Schwanzansatz unterbrochen ist.
Länge: 14 – 18 cm, größte heimische Molchart.
Vorkommen: vorwiegend im Tief- und Hügelland, fehlt im Küstenbereich.

Der ähnliche, nur im Berchtesgadener Land vorkommende **Alpen-Kammmolch** wurde erst vor einigen Jahren als eigene Art vom Kammmolch abgetrennt.

Kammmolch

Teichmolch
Aussehen: hell- bis dunkelbrauner Rücken mit dunklen Flecken, Bauch gelborange mit dunklen Flecken; dunkle Streifen an den Kopfseiten. Männchen während der Paarungszeit mit hohem, gewelltem Kamm, der am Schwanzansatz nicht unterbrochen ist. Länge: 9,5 – 11 cm.
Vorkommen: bis auf Küstenmarschen und höhere Berglagen nahezu überall weit verbreitet.

Teichmolch

Fadenmolch (Bild 12, S. 13)
Aussehen: hellbrauner Rücken, Bauch gelblich, zumindest in der Bauchmitte ungefleckt, Kehle meist ohne Flecken. Durch das Auge verläuft ein dunkler Längsstreifen. Ähnlich Teichmolch, das Männchen trägt aber während der Paarungszeit keinen Kamm; sein auffälligstes Merkmal ist ein 4 – 8 mm langer Schwanzfaden (Name!).
Länge: 6 – 9,5 cm, kleinste heimische Molchart.
Vorkommen: vorwiegend in Laub- und Mischwäldern des Hügellandes; fehlt im äußersten Norden, Nordosten und Osten Deutschlands sowie in Bayern mit Ausnahme von Nordfranken.

Bergmolch
Aussehen: sehr bunter Molch; Rücken dunkelblau bis grünlichbraun, marmoriert, Bauch leuchtend orange, ohne Flecken; keine Streifen am Kopf. Männchen während der Paarungszeit auf dem Rücken und an den Seiten intensiv blau; kein Kamm, sondern etwa 2 mm hohe, gelbschwarz gefleckte Rückenleiste; Seiten stark gepunktet. Länge: 8 – 12 cm.
Vorkommen: vorwiegend im Hügel- und Bergland, fehlt im Küstenraum und weiten Teilen Norddeutschlands.

Bergmolch

FAMILIE SCHEIBENZÜNGLER

Gelbbauchunke

Aussehen: krötenartiger, aber sehr flacher Körper, warzige Oberseite lehmfarben, Bauch leuchtend gelbschwarz gefleckt, Pupille herzförmig. Länge: bis 5 cm.
Stimme: länger anhaltende Rufreihe „uh-uh-uh".
Vorkommen: im Berg- und Hügelland, fehlt nördlich des Mittelgebirges.

Gelbbauchunke

Rotbauchunke

Aussehen: ähnlich Gelbbauchunke, aber Unterseite kräftig rotorange und schwarz gefleckt, Oberseite dunkelgrau. Länge: bis 4,5 cm.
Stimme: wie Gelbbauchunke, aber dumpfer und mit größeren Zwischenräumen.
Vorkommen: Tiefland im Nordosten Deutschlands, bis ins östliche Schleswig-Holstein und Niedersachsen vordringend.

Rotbauchunke

Geburtshelferkröte

Aussehen: krötenartig, Oberseite grau mit vielen Warzen, Unterseite gräulich bis weißlich. Nicht zu verwechseln mit der Gelbbauchunke, da senkrechte (!) Pupille. Männchen tragen nach der Paarung an Land die über die Hinterbeine gewickelten Eischnüre. Länge: bis 5,5 cm.
Stimme: ähnlich Gelbbauchunke, aber mit Wechsel in der Tonhöhe wie eine helle Glocke (Glockenfrosch). Ruft an Land aus Felsspalten oder Bodenlöchern.
Vorkommen: im Hügel- und Bergland, fehlt im norddeutschen Tiefland. Die östliche Verbreitungsgrenze verläuft vom Harz über das westliche Thüringen nach Rheinland-Pfalz bzw. zum Schwarzwald.

Geburtshelferkröte

FAMILIE KRÖTENFRÖSCHE

Knoblauchkröte

Aussehen: gedrungen, krötenartig, Haut glatt mit schwach ausgebildeten Warzen, Oberseite hellgrau bis -braun mit dunklen Flecken, Bauch meistens grauweiß, eventuell dunkel gefleckt, Pupille senkrecht, Hinterfuß mit stark ausgeprägter Grabkante vor der kleinsten Zehe.
Länge: 5–8 cm.
Stimme: unter Wasser, kurz abgesetztes „wock-wock-wock".
Vorkommen: lockere Böden des Tieflandes.

Knoblauchkröte

FAMILIE ECHTE KRÖTEN

(warzige, trockene Haut, große Ohrdrüsen, waagerechte Pupillen; 3 Arten)

Erdkröte

Aussehen: bräunlich, Iris der Augen bernstein- bis goldfarben. Länge: 8–13 cm.
Stimme: meistens nur Abwehrrufe zu hören, ein hohes, bellendes „oäck-oäck-oäck".
Vorkommen: nahezu überall.

Erdkröte

Wechselkröte

Aussehen: oberseits dunkelgrüne Flecken auf hellem Grund, wenig auffallende, zum Teil rote Warzen, Iris grünlich mit schwarzen Sprenkeln.
Länge: 7–9 cm.
Stimme: weit hörbares „Trillern".
Vorkommen: vorwiegend in offener Kulturlandschaft, fehlt im Alpengebiet und im Nordwesten Deutschlands.

Wechselkröte

Kreuzkröte
Aussehen: Oberseite bräunlichgrau bis -grün, gefleckt, gelber Streifen auf dem Rücken (im Kreuz = Name), Warzen oft rötlich, Iris grün. Hüpft nicht, sondern läuft mäuseartig.
Länge: bis 8 cm.
Stimme: sehr laute, trillernde Rufreihen.
Vorkommen: sandige Böden des Tieflandes, Abbaugruben des Hügellandes und Mittelgebirges. Fehlt im Alpengebiet.

Kreuzkröte

FAMILIE LAUBFRÖSCHE

Laubfrosch
Aussehen: glatte Oberseite, einfarbig grün, gelegentlich grau oder braun, dunkler Streifen von der Nase über das Auge bis zu den Oberschenkeln, Bauch hell, an Fingern und Zehen Haftscheiben.
Länge: bis 5 cm, kleinste Froschart.
Stimme: weit hörbares „räpp-räpp-räpp", auch aus Büschen oder Bäumen rufend.
Vorkommen: in Grünlandbereichen des Tief- und Hügellandes, fehlt im Nordseeküstenraum und im Gebirge über 700 m Höhe.

Laubfrosch

FAMILIE ECHTE FRÖSCHE

Wasserfrösche:
Seefrosch, Kleiner Wasserfrosch und **Teichfrosch** werden häufig als Wasser- oder auch Grünfrösche zusammengefasst. Während der Seefrosch und Kleine Wasserfrosch als „echte" Arten bezeichnet werden, betrachtet man den Teichfrosch als Bastard zwischen den beiden genannten Arten. Er kommt in der Regel mit einer der Elternarten gemeinsam vor.

Seefrosch

Teichfrosch

Aussehen: Oberseite grün bis braun, zum Teil schwarz gefleckt; dicht beieinander- und weit oben liegende Augen, Pupille waagerecht, kein Schläfenfleck. Bei rufenden Männchen treten zu beiden Seiten des Kopfes Schallblasen hervor.
Länge: 9 – 15 cm.
Stimme: Nur der Seefrosch ist eindeutig an seinem keckernden Ruf „brä-kä-kä-kä" zu erkennen. Alle drei Formen rufen sehr laut und sind fast den ganzen Sommer auch am Tage zu hören.
Vorkommen: Wasserfrösche sind überall an größeren Gewässern anzutreffen, der Seefrosch vorwiegend im Tiefland und in Flusstälern mit Ausnahme der nordfriesischen Küste und des Ostseeküstenraums.

Für den Anfänger sind die Wasserfrösche kaum zu unterscheiden. Noch am ehesten ist der Seefrosch an seinem Ruf und an seiner Größe zu erkennen. Er ist der größte heimische Froschlurch. Für eine genauere Unterscheidung benötigt man ein Bestimmungsbuch.

Braunfrösche:
Auch **Grasfrosch**, **Moorfrosch** und **Springfrosch** sind sich sehr ähnlich und werden daher häufig als Braunfrösche zusammengefasst. Typisch ist die braune Farbe und der dunkle Schläfenfleck zwischen Auge, Trommelfell und Oberarm. Bei rufenden Männchen sind keine äußeren Schallblasen sichtbar. Auch hier empfiehlt sich zur Unterscheidung ein Bestimmungsbuch.

Grasfrosch
Aussehen: Bauch weißlich mit grauen oder rötlichen Flecken, stumpfe Schnauze. Länge: bis 10 cm.
Stimme: dumpfes Knurren.
Vorkommen: überall.

Grasfrosch

Moorfrosch
Aussehen: häufig mit hellem Rückenstreifen, Bauch meistens weißlich, ohne Fleckung, spitze Schnauze. Männchen zur Paarungszeit häufig leuchtend blau. Länge: bis 7,5 cm.
Stimme: dumpfe, glucksende Laute „wueg-wueg-wueg", als ob man eine leere Flasche unter Wasser hält.
Vorkommen: vorwiegend im Tiefland in Flussauen, Niedermooren und Moorrandbereichen.

Moorfrosch

Springfrosch
Aussehen: Rücken häufig rötlichbraun, nur schwach gefleckt; Bauch meist weißlich, ohne Flecken, spitze Schnauze, großes Trommelfell, sehr lange Hinterbeine. Länge: bis 8 cm.
Stimme: meist unter Wasser rufend, in rascher Folge „og-og-og".
Vorkommen: vorwiegend in oder in der Nähe lichter Laubwälder im Tief- und Bergland bis 700 m, im Norden weitgehend fehlend.

Springfrosch

Lurcheier und Lurchlarven

Lurcheier (Laich)

Die nach der Paarung der Lurche im Wasser befindlichen und mit einer Gallerthülle umgebenen Eier werden allgemein als Laich bezeichnet. Auf Grund des Aussehens, der Form und der Lage bzw. Anheftung lassen sie sich den einzelnen Lurchgruppen zuordnen. Molche wickeln ihre Eier mit den Hinterbeinen einzeln in die Blätter von Wasserpflanzen (1). Unken legen ihre Eier einzeln oder in kleinen Klumpen an Wasserpflanzen oder am Gewässergrund ab (2). Die Eischnüre der Knoblauchkröte sind kurz, dick und mehrreihig (3). Kröten verspannen ihre zum Teil meterlangen, zweireihig angeordneten Eischnüre an Wasserpflanzen (4). Frösche dagegen erzeugen kleine (Laubfrosch: 6) bis sehr große Laichballen (Braunfrosch: 5), die an Wasserpflanzen geheftet werden, zu Boden sinken oder an der Oberfläche schwimmen.

Lurchlarven

Schwieriger ist es, die Larven zu bestimmen. Zur Feststellung der Art muss man sie fangen und mit einer Lupe betrachten. Die Larven der Schwanzlurche sind leicht an ihrem länglichen Körper, den über den Vorderbeinen sitzenden Kiemenbüscheln und den sich zuerst entwickelnden Vorderbeinen zu erkennen (7). Die Larven der Froschlurche (8), Kaulquappen genannt, haben dagegen einen rundlichen Körper und nur in den ersten Tagen äußere Kiemenbüschel. Bei ihnen brechen zuerst die Hinterbeine durch. Die Erdkröten-Kaulquappen kann man leicht an ihrem Schwarmverhalten, die Kaulquappen der Knoblauchkröte an ihrer gewaltigen Größe identifizieren.

Bild 14: Laich- und Larvenformen verschiedener Schwanz- und Froschlurche (vgl. Text).

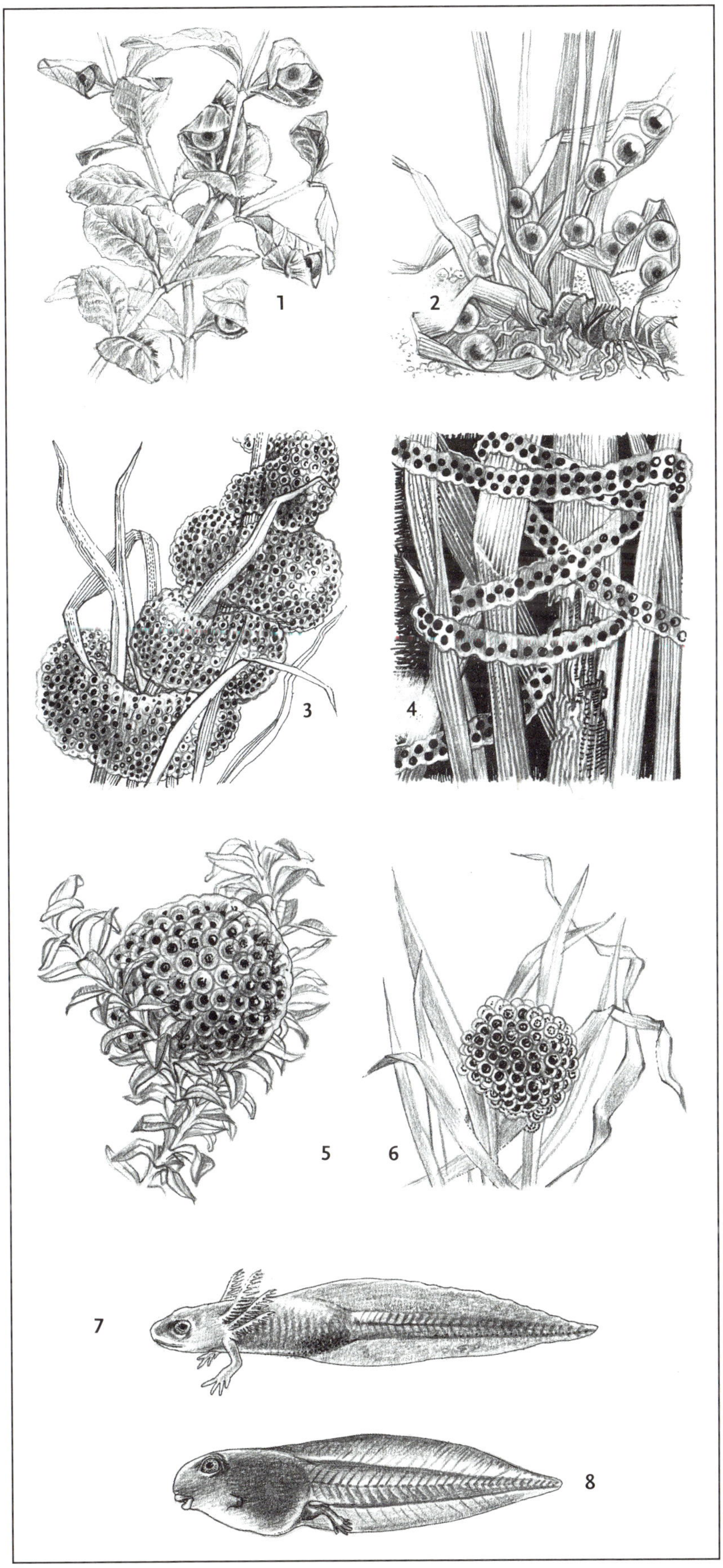

Gefährdung und Schutz

Lurche in Not

Erst vor wenigen Jahrzehnten entdeckte man fast nebenbei, dass dort, wo in früherer Zeit in milden Frühlingsnächten zu Hunderten die Rufe von Kröten und Fröschen erschallten, heute nur noch selten ein Laut die Stille der Nacht unterbricht. Das Konzert der Froschlurche ist in vielen Gegenden verstummt. Vor einigen Jahrzehnten im Tiefland noch häufige Arten wie der Laubfrosch oder der Kammmolch werden heute nur noch gelegentlich gefunden. Den sogenannten „Froschregen", wenn Jungfrösche und -kröten zu Tausenden das Wasser verlassen, kennen wir lediglich aus den Berichten Älterer.

Was geschah? In den letzten 50 Jahren veränderte sich unsere Landschaft stark. Wiesen und Weiden wurden zu Ackerland umgebrochen, Hecken abgeholzt, Weidetümpel oder andere Gewässer mit Wohlstandsmüll oder Bauschutt verfüllt, Feucht- und Überschwemmungswiesen entwässert, Bäche und Flüsse begradigt und Weiher zu Fisch- oder Angelteichen umgewandelt. Städte und Dörfer drangen mit Wohnsiedlungen und großflächigen Industrieanlagen weit in die Landschaft vor. Ein immer dichter werdendes Straßennetz durchschneidet heute früher noch unberührte Landschaften. Zusätzlich brachte man unzählige chemische Stoffe in Form von Bioziden und Düngemitteln in die Natur, die mittlerweile Boden und Wasser, aber auch Pflanzen und Tiere belasten. Ein Ende dieser Entwicklung ist nicht abzusehen. Da bleibt für Molche, Kröten, Frösche, aber auch für viele andere Tierarten kein Platz mehr. Der Verlust der Lebensräume ist die Hauptursache des teilweise erschreckenden Rückganges der Lurche.

Noch in einer anderen Weise trat der Mensch als ärgster Feind der Lurche in Erscheinung. Mit

Lurche auf der „Roten Liste der gefährdeten Tiere und Pflanzen in Deutschland"

Um sich ein Bild von dem Rückgang und der Gefährdung von Tier- und Pflanzenarten zu machen, wurden auf internationaler, nationaler und regionaler Ebene sogenannte „Rote Listen" aufgestellt. Verschiedene Einstufungen zeigen uns auf einen Blick, wie es zum Beispiel um die Lurche steht.

Mehr als die Hälfte, nämlich 14 der in Deutschland heimischen 21 Lurcharten, finden wir in den Kategorien „gefährdet", „stark gefährdet" und „vom Aussterben bedroht" bzw. „Arten mit geographischer Restriktion" und „Gefährdung anzunehmen, aber Status unbekannt".

Vom Aussterben bedroht:	Alpen-Kammmolch, Rotbauchunke
Stark gefährdet:	Gelbbauchunke, Wechselkröte, Knoblauchkröte, Laubfrosch, Moorfrosch
Gefährdet:	Kammmolch, Geburtshelferkröte, Kreuzkröte, Seefrosch, Springfrosch
Arten mit geografischer Restriktion:	Alpensalamander
Gefährdung anzunehmen, aber Status unbekannt:	Kleiner Wasserfrosch

Bild 15: Ausbau und Begradigung von Bächen und Flüssen verhindern die Entstehung von Überschwemmungstümpeln, die für viele Lurche so wichtig sind.

allerlei Aberglauben um warzige Kröten und giftige Salamander wurde bei vielen Menschen eine Abneigung und Furcht hervorgerufen, die in der Vergangenheit häufig zum sinnlosen Quälen und Töten dieser nützlichen und harmlosen Tiere geführt haben.

Gesetzlicher Schutz

Das Naturschutzgesetz in Verbindung mit der Artenschutzverordnung besagt, dass alle einheimischen Lurche geschützt sind. Danach ist es verboten, Lurche zu fangen, zu verletzen oder zu töten. Auch Laich und Larven dürfen den Gewässern nicht entnommen oder vernichtet werden. Streng geschützte Arten dürfen nicht einmal an ihren Aufenthaltsorten aufgesucht, fotografiert oder anders gestört werden. Die Haltung von einheimischen Lurchen im Terrarium sowie der Verkauf sind nicht erlaubt.

Welche Folgen haben diese gesetzlichen Bestimmungen für die Naturschutzarbeit? Das sogenannte „Tümpeln" im Gewässer bedeutet immer eine Störung der Lebensgemeinschaften. Man sollte sich daher bei Streifzügen durch die Natur bemühen, so wenig Unruhe wie möglich zu verursachen. Wollen Sie im Rahmen von Kartierungsarbeiten Lurche oder ihre Larven zur Bestimmung fangen, benötigen Sie von der zuständigen Naturschutzbehörde eine entsprechende Ausnahmegenehmigung. Diese beinhaltet selbstverständlich, dass die Tiere nach der Bestimmung in ihrem Lebensraum wieder in die Freiheit entlassen werden.

Wollen Sie die Entwicklung von Laich oder Kaulquappen sowie das Verhalten der Lurche im Aquarium oder Terrarium beobachten, bedarf es auch hierzu einer Ausnahmegenehmigung. Spätestens im September müssen die Tiere wieder dorthin gebracht werden, wo sie gefangen wurden. Dann können sie sich noch rechtzeitig einen geeigneten Platz für die Winterruhe suchen. Die Überwinterung in Gefangenschaft ist nicht einfach und führt häufig zum Tod der Tiere.

Was aber nützt der beste Schutz der Tiere, wenn ihre Lebensräume nach wie vor vernichtet werden? Nur die Erhaltung und Wiederherstellung von Laichgewässern in Verbindung mit den Landlebensräumen werden die Lurche vor dem Aussterben bewahren können. Auch wenn das Naturschutzgesetz ausdrücklich die Erhaltung von Natur und Landschaft fordert, geschieht hier viel zu wenig. Eher ist das Gegenteil der Fall. In diesem Punkt kann auch der einzelne die Initiative ergreifen und wirkungsvoll mithelfen. Das mag mit der Anlage eines Gewässers im eigenen Garten beginnen. Da sich der Jahreslebensraum der Amphibien aber häufig aus mehreren unterschiedlichen, oft nicht einmal unmittelbar zusammenhängenden Teillebensräumen zusammensetzt, beginnt der wirkungsvollere Schutz der Arten eher in der freien Landschaft – dort, wo noch Gewässer, Wald, Brache oder Wiese vorhanden sind.

Bild 16: Intensive landwirtschaftliche Nutzung bedroht viele Gewässer oder führt zu deren Überdüngung.

Bild 17: Chemische Mittel und Abfälle schaden der Natur immer mehr.

Bild 18: Die Entwässerung von Feuchtgrünland zerstört den Sommerlebensraum von Grasfröschen.

Lebensraum für Lurche

Lurche beobachten

Mit dem Abklingen des Frostes und dem Abtauen des Eises auf Teichen und Weihern erwacht nach langer Winterruhe Ende Februar bis Anfang März wieder neues Leben in den Gewässern. In regennassen Nächten kann man dann bereits die ersten aus ihrem Winterquartier abwandernden Erdkröten, Frösche und Molche auf der Straße finden. Nur wenige Tage später erreichen die Lurche ihre oft angestammten Laichgewässer am Waldrand, auf der Viehweide, am Dorfrand oder im Garten. Einige Arten wie z.B. Molche, Gelbbauchunken oder Kreuzkröten bevorzugen Kleingewässer zur Fortpflanzung. Erdkröten dagegen versammeln sich zur Laichzeit lieber in größeren Teichen und Weihern, wie sie früher als Lösch- oder Fischteiche angelegt wurden. Bis zu mehrere hundert oder gar tausend Paare können es sein. Voraussetzung sind allerdings Gewässerufer mit Röhrichtpflanzen, um die die Weibchen ihre langen Laichschnüre wickeln können.

Insbesondere bei sonnigem Wetter und ruhigem Verhalten bietet sich die Möglichkeit, vom Ufer aus ohne wesentliche Störung die „Frühaufsteher“ unter den Lurchen bei der Balz, Paarung und Eiablage zu beobachten. Zu ihnen gehört neben dem Spring-, Gras- und Moorfrosch, der Knoblauchkröte und den vier Molcharten Berg-, Kamm-, Teich- und Fadenmolch auch die Erdkröte. Häufig haben die Erdkrötenmännchen bereits bei der Wanderung ein Weibchen gefunden und dieses rittlings fest umklammert. Auf diese Weise lassen sie sich als sogenannte „Doppeldecker“ zum Laichgewässer tragen. Die ledigen, in großer Überzahl im Gewässer vorhandenen Erdkrötenmännchen versuchen in ihrem Paarungsdrang alles anzuspringen und zu umklammern, was etwa die Größe und Form eines Krötenweibchens besitzt. Dabei verschonen sie nicht einmal die jetzt ebenfalls balzenden Grasfrösche, die sich heftig zur Wehr setzen. Die Männchen der eigenen Art stoßen Abwehrrufe aus, um dem auf dem Rücken klammernden Männchen kundzutun, dass es sich in der Partnerwahl geirrt hat. So ist die Luft erfüllt von einem metallischen, leise bellenden „oäck-oäck-oäck“. Die Weibchen haben unter dem Überschuss der Männchen besonders zu leiden. Gleich zu dritt oder viert versuchen diese, ein und dasselbe Weibchen zu erklettern, und drücken es dabei mit ihrer Last unter Wasser, so dass es zu ertrinken droht, bisweilen sogar wirklich ertrinkt.

Zwischen den Halmen der Röhrichtpflanzen kann man bald die ersten Laichschnüre entdecken. Bis zu 6000 kleine schwarze Eier befinden sich in den 2–4 Meter langen Gallertschnüren. Es ist kaum vorstellbar, dass dieses lange Band im Körper des Krötenweibchens Platz gefunden hat. Doch bei der Ablage sind die Eier noch klein und liegen dicht beieinander. Erst im Wasser quillt die Gallerthülle auf. Die während des Laichvorgangs sich fest auf dem

Bild 19:
Gleich zwei Erdkrötenmännchen versuchen, ein Weibchen zur Paarung zu erklettern.

Bild 20:
Wasserfrösche gehören zu den „Spätaufstehern" und sind ab Ende April an Gewässern zu beobachten.

Rücken der Weibchen festklammernden Erdkrötenmännchen besamen die Eier, sobald sie aus der Kloake herausgepresst werden. Es findet also eine äußere Befruchtung statt. Die Erdkröteneltern verlassen wenige Tage nach der Eiablage das Wasser und kehren in ihr Sommerquartier im nahen Wald zurück. 2–3 Wochen nach dem Ablaichen schlüpfen aus den Eiern kleine, fischähnliche Larven. Einige Zeit später versammeln sich die Kaulquappen zu Abertausenden in riesigen Schwärmen, die sich, einer schwarzen Wolke gleich, durch das Gewässer bewegen. Nach rund drei Monaten Kaulquappendasein und erfolgter Umwandlung zum Landleben verlassen die winzigen Jungkröten im Juni den Weiher.

Zur gleichen Zeit wie die Erdkröten finden sich auch die Grasfrösche zu größeren Laichgesellschaften zusammen. Sie sind leicht an ihrem leisen, knurrenden Balzruf zu erkennen. Im Gegensatz zu den Laichschnüren der Kröten bilden die Eier der Grasfroschweibchen große Laichklumpen, die in Abhängigkeit von der Anzahl der Paare nach dem Aufquellen der Gallerthülle manchmal in quadratmetergroßen Laichteppichen an der Wasseroberfläche treiben.

Gerade kleinere Gewässer und Gartenteiche werden gerne von Molchen aufgesucht. Auch wenn sie keine Balzlaute von sich geben, ist die Beobachtung ihres Balzverhaltens um so interessanter. Am leichtesten entdeckt man Molche, wenn sie – insbesondere bei Sonnenschein oder nachts im Lichtschein der Taschenlampe – blitzschnell an der Wasseroberfläche auftauchen, um Luft zu holen. Steigen die Wassertemperaturen auf über 10°C an, beginnen die Molche am Bodengrund des Gewässers ihr Balzspiel, das bei allen Arten ähnlich verläuft. Molche erkennen sich sowohl optisch als auch am Geruch. Hat also ein Männchen ein fortpflanzungsbereites Weibchen aufgestöbert, beginnt es, dieses zu umwerben. Dazu bezieht es Stellung vor dem Weibchen, krümmt den hinteren Teil seines Ruderschwanzes seitlich nach vorne und fächelt dem Weibchen mit vibrierenden Bewegungen des Schwanzendes artspezifische Duftstoffe zu. Reagiert das Weibchen nicht sofort auf das Liebeswerben, versucht es das Männchen mit immer neuen Anläufen. Dabei stupst es seine Partnerin gelegentlich mit dem Kopf gegen Flanken oder Maul. Bei diesem Bewegungsspiel schillert der Schwanz in allen Farben. Erst wenn die Auserwählte eine Reaktion zeigt, setzt das Männchen zwei bis drei Samenpakete auf dem Bodengrund ab. Indem sich das Weibchen mit seiner Kloakenöffnung über die Kapseln schiebt, nimmt es diese in die Kloake auf. Von dort wandern die Samen weiter in einen hierfür vorgesehenen Samenbehälter. Erst unmittelbar vor der Eiablage kommt es zur eigentlichen Befruchtung. Anschließend beginnt das Weibchen, die Eier einzeln an den Blättern von Wasserpflanzen anzuheften. Dabei faltet es die Blätter mit den Hinterbeinen zu einer Schutzhülle um die Eier herum. Mit dem Ende der Fortpflanzungszeit der Molche im Juni verlieren auch die letzten Männchen ihr prächtiges Hochzeitskleid und wandern an Land. Aus den munteren, auch tagaktiven Wassermolchen werden nun unscheinbare, nur nachts auf Beutefang gehende Landwesen.

Spätestens Ende April, an sonnigwarmen Frühjahrstagen auch durchaus eher, haben sich die „Spätaufsteher" unter den Amphibien am Laichgewässer eingefunden. Je nach geographischer Lage und Gewässertyp erklingen nun in warmen, windstillen Nächten, aber auch am Tage die Rufe von Geburtshelferkröte, Rot- und Gelbbauchunke sowie das laute, weit hörbare Konzert von Kreuz- und Wechselkröte, Laubfrosch und den verschiedenen Wasserfröschen.

Insbesondere der grüne Teichfrosch findet sich häufig an Gartenteichen ein. Er lebt fast das ganze Jahr im und am Gewässer und bietet damit den ganzen Sommer über Gelegenheit, seinem vielfältigen und munteren Treiben zuzuschauen. Zunächst fällt der sich gerne am Gewässerrand sonnende Teichfrosch dadurch auf, dass er bei Annäherung auf 1–2 m mit einem Riesensprung ins Wasser platscht. Doch eine Vielzahl von Beispielen belegt, dass Teichfrösche die Scheu vor dem Menschen sehr schnell verlieren und sich sogar mit allem Fressbaren füttern lassen, was sich bewegt und in ihr großes Maul hineinpasst. In einzelnen Fällen sind Teichfrösche mit dem Verlangen nach Futter Menschen sogar schon bis in die Wohnung hinterher gehüpft. Sehr interessant ist es, Teichfrösche bei der artspezifischen Jagd auf Nahrung zu beobachten. Von ihrer Warte am Ufer oder auf einem Seerosenblatt haben sie die Umgebung dank ihrer oberständigen Augen gut im Blick. Haben sie ein Beuteobjekt, z.B. eine vorbeifliegende Fliege oder Libelle, erspäht, setzen sie mit ihren langen, kräftigen Hinterbeinen zum Sprung an und fangen ihr Opfer mit ihrer blitzartig vorschnellenden klebrigen Zunge zielsicher im Flug.

Besonders charakteristisch ist das in der Gruppe langsam anschwellende, immer lauter werdende Quakkonzert der Teichfroschmännchen, das je nach Wetterlage von April bis in den Juli und August hinein zu hören ist. Das Quaken wird durch zwei große Schallblasen verstärkt, die zu beiden Seiten des Kopfes aus einem Spalt hinter den Mundwinkeln hervortreten. Die Rufe dienen in erster Linie der Anlockung der Weibchen und sind über viele hundert Meter zu hören. Die lange Rufzeit und der hohe Geräuschpegel, den die Teichfrösche mit ihrem Konzert insbesondere in der Nacht erzeugen, kann schnell zu ruhestörendem Lärm führen und den Nachbarn die Nachtruhe rauben. Lautstärken von bis zu 45 Dezibel konnten in einem konkreten Fall im Schlafzimmer eines Nachbarn gemessen werden. Damit kann ein Nachbarschaftsstreit vorprogrammiert sein. Zahlreiche Gerichtsprozesse wurden bereits deswegen geführt, und je nach Entscheidung des Richters mussten die Frösche entfernt werden oder durften bleiben. Das Quaken kann man den Fröschen nicht verbieten, und nachts einsperren kann und darf man sie auch nicht.

Wurden die Frösche angesiedelt, indem Laich, Kaulquappen oder sogar Frösche aus der Natur in den Gartenteich geholt wurden, ist das als eindeutiger Verstoß gegen das Naturschutzgesetz zu werten. Damit ist man für den ruhestörenden Lärm sozusagen verantwortlich. Liegt der Gartenteich dagegen am Ortsrand und sind die Teichfrösche von selbst zugewandert, fallen sie unter den gleichen Schutz wie beispielsweise die frühmorgens laut auf dem Dachfirst singende Amsel. Der Wegfang darf nur mit einer Ausnahmegenehmigung der zuständigen Naturschutzbehörde erfolgen. Es ist aber sehr wahrscheinlich, dass schon nach kurzer Zeit erneut Teichfrösche aus dem Umland am Gartenteich auftauchen.

Bild 21:
Wasserfrösche sind leicht an ihren paarigen Schallblasen zu erkennen.

Die Lurchkartierung

Bild 22: Ausrüstungsgegenstände, die bei Aktionen zum Schutz der Lurche benötigt werden:

1 **Taschenlampe, an Knöpfen zu befestigen**
2 **Stirnlampe**
3 **Landkarte**
4 **Notizblock**
5 **Kleidung in Signalfarben (auch 8)**
6 **Blinkleuchte**
7 **Gummistiefel**
8 **Jacke mit Leuchtstreifen**
9 **Regenjacke**

Um die bedrohten Amphibienarten wirkungsvoll schützen und deren Rückgang aufhalten zu können, ist es notwendig, die Vorkommen der Arten, ihre Bestandssituation und letztendlich drohende Gefährdungen zu kennen und zu dokumentieren. Derartige Informationen sind nur durch Kartierungen und Untersuchungen im Gelände zu bekommen. Eigentlich ist dies eine Aufgabe der Naturschutzverwaltung, aber auf Grund des ständigen Personal- und Geldmangels, der zu betreuenden Flächengröße und der hohen Zahl der Gewässer ist diese nicht ohne Zuarbeit von außen zu leisten. So sind auf regionaler oder Landesebene durch Naturschutzverbände, Arbeitsgemeinschaften und staatliche Institutionen Amphibien-Erfassungsprogramme entstanden, die im wesentlichen auf der Basis einer ehrenamtlichen Mitarbeit beruhen.

Sind Sie sich bei dem Erkennen der einzelnen Lurcharten sicher, können auch Ihre Beobachtungen zur wertvollen Arbeitsgrundlage für die zuständige Naturschutzbehörde werden. Von besonderem Interesse sind Angaben zu den Lurcharten, ihrer Bestandsgröße, d.h. wie viele Individuen wurden beobachtet, und zum Zustand des Gewässers. Diese Informationen können z.B. bei der Ausweisung von Schutzgebieten, der Verfolgung verbotener Verfüllungen und bei der Landschaftsplanung eine wichtige Rolle spielen.

Wer hier einen Beitrag zum Schutz der Amphibien leisten möchte, sollte sich vorher bei der Naturschutzbehörde oder einem vor Ort tätigen Naturschutzverband über eventuell laufende Kartierungsprojekte und Gleichgesinnte erkundigen. Da der Fang von Lurchen gesetzlich verboten ist, die Lurche zur Bestimmung aber teilweise gefangen werden müssen, ist außerdem eine Ausnahmegenehmigung erforderlich. Vor der Kartierung sollten Sie sich überlegen, wie Sie vorgehen möchten, und die Durchführung planen.

Aktionsplan

- In einer Landkarte, möglichst im Maßstab 1:25 000, werden zunächst alle Gewässer mit einer fortlaufenden Nummer versehen. Bereits im Winterhalbjahr kann man kontrollieren, ob sie noch alle existieren. Verfüllte Tümpel und Weiher werden gestrichen; kleine Wasserstellen und neu angelegte Teiche, die nicht in der Karte verzeichnet sind, werden nachgetragen.
- Ein speziell angefertigter Kartierbogen sollte Möglichkeiten für folgende Eintragungen bieten: Fundort und zugehörige Nummer, Angaben zum Gewässer, beobachtete Lurcharten, Funddatum sowie weitere wichtig erscheinende Feststellungen. Sofern eine Kamera vorhanden ist, sollte auch Platz für ein später einzuklebendes Foto gelassen werden, das als Dokument von Bedeutung sein kann.
- Stellen Sie sich einen Zeitplan auf, aus dem Sie die günstigsten Beobachtungstermine zur Bestimmung der verschiedenen Lurcharten entnehmen können (Rufe, Paarung, Laich, Larven, umgewandelte Jungtiere).
- Als Ausrüstungsgegenstände benötigen Sie Gummistiefel, Regenschutz, gegebenenfalls die Ausnahmegenehmigung der Naturschutzbehörde zum Fang, Fernglas, Taschenlampe, Reservebatterien, Kescher, flache Plastikschale (für Larven), Lupe, Bestimmungsbuch, Landkarte, Kartierbogen oder Notizbuch und Kamera.
- Noch ein Tipp: Wenn Sie sich die Stimmen der wichtigsten und im Gebiet vorkommenden Lurche von der beiliegende CD auf ein Kassettengerät überspielen, können Sie rufende Tiere im Gelände vergleichen oder Tiere mit dem Abspielen der Stimmen zum Rufen anregen.

Ein neues Lurchgewässer entsteht

Heute gibt es zahlreiche Bemühungen, wieder neue Lebensräume in Form von Kleingewässern, Feuchtgebieten oder Heckenanpflanzungen für Amphibien zu schaffen. Auch Sie können durch die Anlage eines Gartenteichs oder eines Naturteichs zur Bereicherung ihrer Lebensräume und damit zum Schutz unserer heimischen Lurche beitragen. Bei der Gewässerplanung und -anlage sollten jedoch einige Grundsätze berücksichtigt werden.

Aktionsplan Gartenteich

Insbesondere in gewässerarmen Gegenden besitzen Gartenteiche eine große Anziehungskraft für Tiere, sei es als Tränke für die Vögel, Eiablageplatz für Libellen oder Lebensraum für flug-

Bild 23:
Fast schon mit Bauschutt und Müll verfüllt: ein Laichgewässer für Laubfrösche und acht weitere Amphibienarten.

Bild 24:
Dasselbe Gewässer ein Jahr später, gerade noch rechtzeitig entrümpelt.

fähige Wasserkäfer, andere Wasserinsekten oder eben Lurche. Im Zusammenhang mit dem Wunsch nach einem Amphibiengewässer sollte man bereits im voraus überlegen, ob dieses überhaupt zu verwirklichen ist. Da das Naturschutzgesetz für alle Lurcharten einen strengen Schutz vorsieht, ist es grundsätzlich verboten, sich aus einem anderen Gewässer Molche, Frösche oder Kröten zu holen. Das bedeutet, das Gewässer und auch der umgebende Landlebensraum müssen so gelegen und gestaltet sein, dass sich die Amphibien von alleine dort einfinden. Besonders geeignet sind daher Gärten, die sich in Ortsrandlage befinden, nicht durch stark befahrene Straßen vom Umland getrennt sind und insgesamt naturnah gepflegt werden. Gärten mit Laubgehölzen, Sträuchern, Holz- und Laubhaufen, einem nur selten gemähten, wiesenartigen Rasen sowie Brachflächen bieten den potentiellen Bewohnern des Gartenteiches ideale Landlebensräume mit einem reichhaltigen Nahrungsangebot und einer Vielzahl an Versteck- und Überwinterungsmöglichkeiten. Eine angrenzende Landschaft mit Hecken oder strauchbestandenen Feldrainen ist eine gute Voraussetzung für die Besiedlung des Gartenteiches, da diese für Lurche die Verbindungswege zwischen den Gewässern darstellt.

▸ Bei der Planung des Gartenteiches spielen besonders die Größe und die Tiefe eine Rolle. Verschiedene Lurcharten bevorzugen unterschiedliche Gewässergrößen. Teichfrösche und Erdkröten sind eher in größeren Weihern und Teichen, Grasfrösche auch in kleineren Gewässern, Molche und Gelbbauchunken dagegen auch in Kleinstgewässern von nur wenigen Quadratmetern zu finden. Ebenso wie mit der Größe verhält es sich mit der Tiefe. Die Gelbbauchunke laicht in flachen Tümpeln von 15 – 20 cm Tiefe, die Erdkröte bevorzugt tieferes Wasser. Eines ist allen Lurchen gemeinsam: Die Ei- und Larvenentwicklung hängt von der Wassertemperatur ab. Je schneller sich das Wasser erwärmt, um so eher findet die Umwandlung zu Landbewohnern statt. Die wenig besonnten Ufer des Gewässers (NO, N, NW) sollten also möglichst flach angelegt werden, das Südufer dagegen darf tiefer sein. Eine Wassertiefe von 1 m auf wenigen Quadratmetern reicht aus, um den Weiher und damit seine Bewohner vor Austrocknung und Durchfrieren im Winter zu schützen. Um die für Lurche so wichtige Flachwasserzone zu vergrößern, kann die Uferlinie durch ein System von Buchten und Halbinseln verlängert werden. Der Neigungswinkel im Uferbereich sollte je nach Größe des Gewässers 5 – 15 Grad betragen.

▸ Kleinere Gewässer bis zu 10 m können in Handarbeit mit Schaufel und Spaten geschaffen werden. Für größere Gewässer ist auf Grund des vielen anfallenden Erdmaterials eher der Einsatz eines Baggers notwendig.

▸ Zur Abdichtung des Gewässerbodens bietet der Fachhandel Teichfolien oder spezielle Tone bzw. Tonziegel an. Sofern Sie den Einbau selbst durchführen wollen, sollten Sie sich beim Händler oder in einem der einschlägigen Bücher zum Thema „Gartenteich" kundig machen.

Bild 25: In naturnah gestalteten Gartenteichen finden sich gerne Erdkröten, Wasserfrösche und Grasfrösche ein.

▸ Bei der Bepflanzung des Gartenteichs mit Sumpf- und Wasserpflanzen sollte man aus Naturschutzsicht auf exotische Pflanzen verzichten und auf einheimische Arten zurückgreifen. Mancher Graben oder Weiher in der freien Landschaft bietet eine reichliche Auswahl. Geschützte Arten lässt man selbstverständlich an ihrem Wuchsort. Nach etwa zwei Jahren wird man kaum noch feststellen können, dass es sich um ein künstliches Gewässer handelt.

▸ Kleinsttiere und Wasserinsekten, wie Gelbrandkäfer, Rückenschwimmer, Wasserläufer oder Libellen, lassen sich oft schon nach wenigen Wochen beobachten. Bei richtiger Standortwahl und Anlage können bereits im ersten Jahr, spätestens aber nach zwei bis drei Jahren alle Lurcharten, deren Ansprüche im Gartenteich erfüllt werden, eingewandert sein.

▸ Soll sich der Gartenteich auch zum Fortpflanzungsgewässer für die Amphibien entwickeln, dürfen keine Fische eingesetzt werden, da auch sogenannte Friedfische Laich und Larven fressen.

▸ In den folgenden Jahren muss darauf geachtet werden, dass das Gewässer nicht durch allzu starkes Pflanzenwachstum beschattet wird. Grundsätzlich sollte man jedoch so wenig wie möglich in die Entwicklung des Weihers eingreifen.

▸ Ob die Planung und Ausführung des Gartenteiches stimmen, zeigt sich am deutlichsten in der Besiedlungsgeschwindigkeit und dem Artenspektrum: Wenn im Frühjahr die ersten aus der Umgebung zugewanderten Molche, Erdkröten, Gras- oder Wasserfrösche bei der Eiablage beobachtet werden oder wenig später Larven entdeckt werden, kann man davon ausgehen, dass es geklappt hat.

Aktionsplan Naturweiher

Die Anlage eines Weihers in der freien Landschaft kann insbesondere für die stark gefährdeten Amphibienarten in vielen Fällen sehr erfolgversprechend sein. Sollte man selbst in der glücklichen Lage sein, ein Grundstück außerhalb der Ortschaft zu besitzen, oder vielleicht in seinem Bekanntenkreis jemanden finden, der eine Fläche für die Anlage eines Gewässers zur Verfügung stellt, besteht die Möglichkeit, mit verhältnismäßig wenig Aufwand kostengünstig einen Kleinweiher anzulegen. Hier bedarf es aber einer Abstimmung mit der zuständigen Naturschutzbehörde. Selbst wenn diese Möglichkeit nicht besteht, kann man sich eventuell durch Kontaktaufnahme mit vor Ort tätigen Naturschutzvereinen an entsprechenden Amphibienschutzmaßnahmen beteiligen. Hilfe ist immer gern gesehen! Im Prinzip gelten die gleichen Vorgaben wie bei der Anlage eines Gartenteiches. Doch wird man bei der Lage und Gestaltung auf einige Dinge mehr achten müssen als im eigenen Garten.

- Zunächst wird ein geeigneter Standort für die Anlage eines Kleingewässers gesucht. Das neue Gewässer sollte nicht isoliert in der Landschaft liegen. Da Lurche auf der Suche nach neuen Lebensräumen in der Regel nicht mehr als 2–3 km wandern, darf der Abstand zum nächsten Gewässer nicht größer sein, um eine natürliche Besiedlung zu ermöglichen. Die Fläche sollte möglichst abseits von Verkehrsstraßen und intensiv genutzten Äckern liegen. Die wenigsten Probleme gibt es bei Brachflächen oder kaum genutzten Wiesen und Weiden.
- Die Größe und Tiefe sowie sonstige Ausgestaltung des Stillgewässers in der freien Landschaft sollte sich an den Ansprüchen der Amphibienarten orientieren. Anders als Gelbbauchunke und Kreuzkröte bevorzugen die übrigen Arten eher größere Kleingewässer, Weiher und Teiche mit einer Tiefe von mindestens 1 m. Für See- und Teichfrösche sowie Erdkröten sollte der Weiher 500–2000 m groß sein; für den Laubfrosch und die meisten anderen Lurche gelten 200–300 m als gutes Mittelmaß. Ist das Gelände groß genug, empfiehlt es sich, verschieden

große Tümpel und Weiher anzulegen. Die ganze Anlage sollte zunächst zeichnerisch in einem Plan mit Übersichten und Einzelheiten dargestellt werden.

▸ Nun geht es um die Finanzierung: Für die Anlage größerer Gewässer benötigt man Baumaschinen, deren Einsatz recht teuer ist. Naturschutzbehörden und Gemeinden verwalten in der Regel einen Etat für Naturschutzmaßnahmen oder den Erwerb von Flächen. Handelt es sich um eine sinnvolle und gut geplante Amphibienschutzmaßnahme, stehen dort eventuell Mittel zum Ankauf oder zur Pachtung eines Grundstücks bzw. zur Durchführung der Maßnahme zur Verfügung. Unter Vorlage des Planes sollte man dort, bei der Gemeinde oder einem Naturschutzverein nach einer entsprechenden Finanzierung fragen. Es lohnt sich eventuell auch, ortsansässige Bauunternehmer anzusprechen. Vielleicht stellen sie ihre Baumaschinen verbilligt oder kostenlos zur Verfügung. Eine weitere Möglichkeit besteht darin, in der Zeitung über das Projekt zu berichten und um Spendengelder zu bitten.

▸ Der richtige Zeitpunkt der Baumaßnahme ist nach der Vegetationsperiode von Oktober bis Ende Januar. An feuchteren Stellen können Baumaschinen manchmal nur bei gefrorenem Boden arbeiten. Ist das Gewässer Ende Januar fertig, kann es bereits nach Beendigung des

Bild 26:
Neuangelegtes Gewässer mit Flachuferbereichen und tieferer Wasserstelle.
Auf das Bepflanzen sowie das Aussetzen von Fischen und anderen Tierarten sollte verzichtet werden. Die Samen der Pflanzen gelangen innerhalb kürzester Zeit durch Wind (Rohrkolben, 9) oder durch Vögel (z.B. Samen von Bachbunge, 10, und Froschlöffel, 11) ins Gewässer und wachsen schnell heran (hier: Wasser-Hahnenfuß, 13, Bachbunge, 14, und Froschlöffel, 15).
Tiere werden ebenfalls eingeschleppt, z.B. kleine Schlammschnecken, 12, unter Wildentenfüßen. Gelbrandkäfer (6), Klein- und Großlibellen (7, 8) etwa fliegen zu. Andere Tiere, z.B. Lurche (1), wandern aus der Nachbarschaft zu. Bei ihnen (z.B. Teichmolch, 1, Bergmolch, 2, Erdkröte, 3, Grasfrosch, 4, Laubfrosch, 5) muss darauf geachtet werden, dass der Abstand zu vorhandenen Laichgewässern nicht zu groß ist, da die Arten in der Regel nur bestimmte Entfernungen auf der Suche nach neuen Lebensräumen zurücklegen.

Winters von den ersten Pionierarten besiedelt werden.

▸ Auf Grund der Größe des Gewässers ist in der Regel der Einsatz von Löffel- oder Schürfkübelbaggern, Greifern oder Planierraupen notwendig. Für den Abtransport des Aushubmaterials muss ein Lastwagen zur Verfügung stehen – häufig der größte Kostenfaktor bei der Anlage. Eine fachkundige Bauaufsicht während der Ausgestaltung des Gewässers ist unbedingt nötig.

Bild 27:
Schon nach wenigen Jahren kann man eine Vielzahl von Pflanzen- und Tierarten am Gewässer beobachten, die sich ohne menschliches Zutun eingefunden haben.

Pflanzen:
1 Ästiger Igelkolben
2 Bachbunge
3 Wasser-Hahnenfuß
4 Pfennigkraut
5 Raues Hornblatt
6 Wasserminze
7 Vielwurzelige Teichlinse
8 Kleine Wasserlinse (Entengrütze)
9 Froschlöffel
10 Armleuchteralge
11 Breitblättriger Rohrkolben

Tiere:
a Hufeisen-Azurjungfer
b Blaugrüne Mosaikjungfer
c Frühe Adonislibelle
d Rückenschwimmer
e Wasserläufer
f Furchenschwimmer
g Grasfrosch
h Große Schlammschnecke
i Geränderte Tellerschnecke
k Taumelkäfer
l Plattbauch
m Vierfleck
n Bergmolch

▸ In feuchtem Grünland sollte das Aushubmaterial grundsätzlich aus der Fläche geschafft und nicht etwa zum Verfüllen kleiner Geländesenken benutzt werden. Dort, wo Wallhecken typisch für die Landschaft sind, kann der Erdaushub zur Aufschüttung eines kleines Walles an den Grundstücksgrenzen verwendet werden.

▸ Auf eine Bepflanzung des neuen Gewässers sollte verzichtet werden, da sich innerhalb kürzester Zeit Sumpf- und Wasserpflanzen sowie

Ufergehölze aus der Umgebung von allein einstellen. Das gleiche gilt für die Ansiedlung von Tieren. Schon nach kurzer Zeit wird das neuangelegte Gewässer von den ersten Pionierarten besiedelt werden.

▸ Trampelpfade und Wege zum Gewässer sollten weitgehend vermieden werden, damit sich die Pflanzen- und Tierwelt ungestört entwickeln kann. Durch Anpflanzung von Brombeeren oder anderen heimischen Sträuchern im Randbereich der Fläche können allzu viele Neugierige ferngehalten werden.

Einen Krötenzaun bauen

Leider nützt der sorgfältig geplante Weiher nicht viel, wenn auf der in der Nähe liegenden Straße alljährlich die anwandernden Amphibien zu einem großen Teil überfahren werden. Auch hier kann der einzelne kurzfristig wirksame Hilfe leisten, indem er sich mit Familienmitgliedern, Nachbarn oder Mitgliedern eines örtlichen Naturschutzvereines zusammentut, um einen Krötenzaun zu bauen.

Ein angeborener Instinkt veranlasst die Erdkröten, bereits im Herbst aus ihren Sommerquartieren in Feldern, Wiesen, Wäldern und Gärten aufzubrechen und in Richtung auf ihr angestammtes Laichgewässer, in dem sie selbst einmal ein Kaulquappendasein geführt haben, zu wandern. Der Winter zwingt die wechselwarmen Kröten zu einer Pause. Unter Laub, moderndem Holz oder Moos verkriechen sie sich zur Winterruhe, um dann in den ersten warmen Märztagen mit abendlichen Temperaturen über 5°C wie auf Kommando ihre Wanderung fortzusetzen. Dicht vor dem Ziel vereinen sie sich zu gewaltigen Massenansammlungen. So manches Erdkrötenmännchen findet bereits während der Wanderung eine Partnerin, klettert auf ihren Rücken und klammert sich mit den Vorderbeinen so fest in die Achselgegend des Weibchens, dass dieses den Griff nicht mehr lösen kann. So schleppt sie als sogenannter „Doppeldecker“ das Männchen zum Fortpflanzungsort.

Bild 28:
Jahreslebensraum der Erdkröte. Die Pfeile markieren die Frühjahrswanderung vom Winterquartier zum Laichgewässer, die Abwanderung von dort in den Sommerlebensraum und eine eventuell stattfindende Herbstwanderung ins Winterquartier.

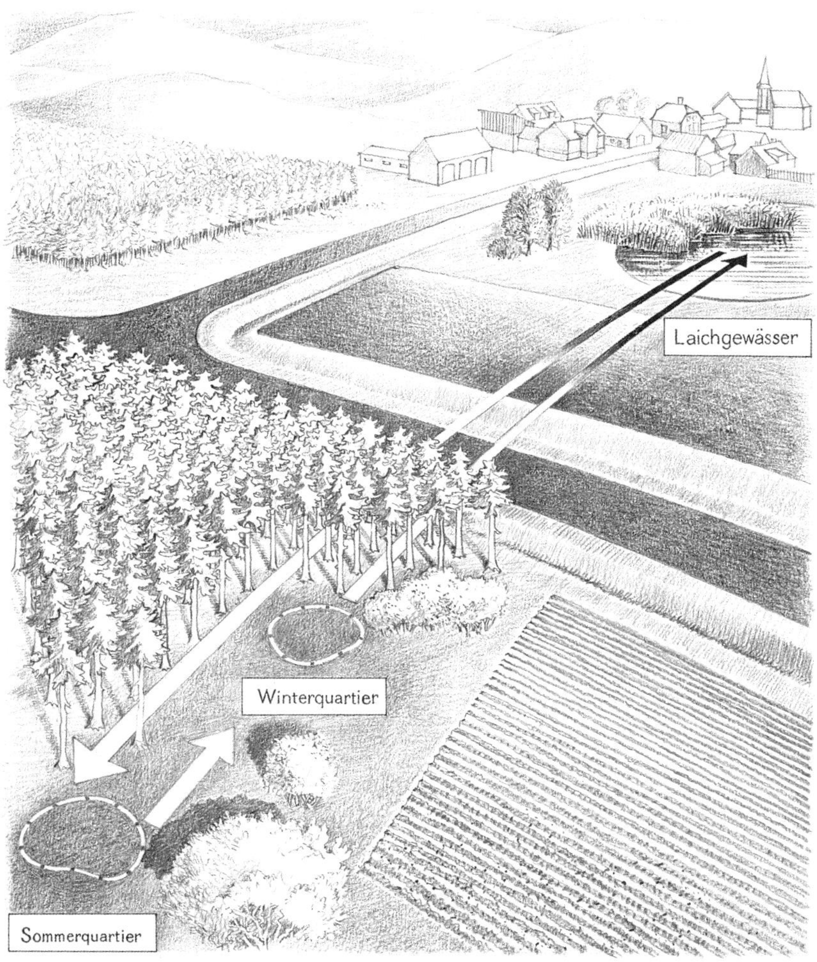

Wie sich Erdkröten bei ihrer Wanderung orientieren, konnte bis heute nicht eindeutig geklärt werden. Erdmagnetismus, ähnlich wie bei Vögeln, Geruch des Wassers und optisch wahrnehmbare Geländemerkmale wirken offensichtlich zusammen. Ihre Ortstreue zum Laichgewässer kann so weit reichen, dass sie ihre Geburtsstätte auch dann noch aufsuchen, wenn diese längst verfüllt ist. Die Natur hat ihren guten Grund für diese, uns Menschen unsinnig erscheinende Ortstreue. Da Erdkröten nur leise rufen, können sich die Partner nicht wie bei Laubfrosch oder Kreuzkröte auf große Entfernung anlocken. Statt dessen erscheinen sie wie verabredet zur gleichen Zeit am gleichen Laichgewässer und können sich dadurch erfolgreich fortpflanzen.

Auch verkehrsreiche Straßen halten die von Februar bis Anfang April innerhalb von ein bis zwei Wochen erfolgende Wanderung der Erdkröten nicht auf. Unbeirrbar setzen sie ihren Weg über die Straße fort. Da sie sich in den kalten Frühlingsnächten nur langsam fortbewegen, werden sie unweigerlich ein Opfer der über sie hinwegbrausenden Autos. Bereits zehn Autos je Stunde reichen, um ein Drittel des die Straße kreuzenden Krötenbestandes zu vernichten! Verlassen die Tiere nach dem Ablaichen das Wasser, droht ihnen auf der Rückwanderung in das Sommerquartier noch einmal die gleiche Gefahr. Nicht anders ergeht es den Jungkröten, wenn sie nach der Umwandlung zum Landleben aus dem Gewässer steigen.

Inzwischen wurden eine Reihe von Hilfsmaßnahmen eingeleitet, die das Massensterben der Erdkröten und anderer Lurche wirksam einschränken können. An vielen Straßenabschnitten, die von Lurchen gekreuzt werden, haben Naturschutzvereine, Schulklassen sowie Anwohner mit Familienmitgliedern und Nachbarn, teilweise mit Unterstützung von Forstdienststellen, Straßenmeistereien und Naturschutzbehörden, sogenannte „Krötenfangzäune“ aufgestellt. Ein knapp halbmeterhoher Zaun aus feinem Maschendraht, parallel zur Straße aufgestellt, unterbricht die Marschrichtung der Erdkröten. Diese weichen auf der Suche nach einem Durchschlupf entlang des Zaunes nach links oder rechts aus und fallen dabei in einen der am Zaun eingegrabenen Plastikeimer. Doch dann beginnt erst die eigentliche Arbeit. Allmorgendlich, zusätzlich möglichst auch noch abends, müssen die Eimer, in denen sich im Laufe einer Nacht zahlreiche Kröten fangen können, über die Straße getragen und auf der anderen Seite entleert werden. Da das Problem der Zerschneidung des Lebensraumes bestehen bleibt und zudem Jahr für Jahr ein erheblicher Arbeitsaufwand zu leisten ist, stellen Krötenfangzäune auf Dauer keine befriedigende Lösung dar. Bis dauerhafte Lösungen geplant und verwirklicht worden sind, kann man auf die Unterstützung bereitwilliger Helfer und Naturschutzverbände nicht verzichten.

Ersatzlaichgewässer, die auf der gleichen Straßenseite angelegt werden, auf der sich auch der Sommer- bzw. Winterlebensraum befindet, können auf Dauer wirksame Abhilfe schaffen. Auf Grund der Ortstreue der Erdkröten wird man die wandernden Tiere allerdings noch einige Jahre an der Straße abfangen und an den neuen Laichplatz umsiedeln müssen.

Sogenannte „Krötentunnel", Durchlässe unter der Straße, können bei richtiger Ausführung ebenfalls eine langfristige Lösung darstellen, die allerdings mit beachtlichem Aufwand verbunden ist. Ihr Bau sollte deshalb eher als Forderung an Straßenbaubehörden gerichtet werden.

Straßensperrungen während einiger weniger Frühjahrsnächte verhindern zwar ein größeres Massaker, erfordern aber eine ständige Kontrolle der Wanderaktivität der Lurche und lassen sich meistens nur auf verkehrsarmen Strecken durchführen. Hinweisschilder, eventuell in Verbindung mit einer Geschwindigkeitsbegrenzung, vermögen lediglich, die Öffentlichkeit auf das Problem der Krötenwanderung aufmerksam zu machen. Ein wirksamer Schutz für die Tiere ist dadurch nicht zu erzielen. Dennoch sollten sie dort, wo Helfer Kröten von der Straße absammeln oder Fangzäune betreuen, zu deren Schutz aufgestellt werden.

Da kurzfristig nur der Krötenzaun oder die Straßensperrung in Frage kommen, letztere wegen nicht vorhandener Umleitungen meistens von den Verkehrsbehörden abgelehnt wird, sollten Sie sich möglichst rechtzeitig, d.h. bereits im Herbst oder Winter, auf eine Fangzaunaktion vorbereiten. Auf Grund vieler erforderlicher Termine, Besprechungen und Besorgungen ist es ratsam, sich dafür einen Plan aufzustellen.

Aktionsplan

- Durch eigene Beobachtungen oder auf Grund von Befragungen von Anwohnern ist häufig bekannt, an welchen Straßen Kröten wandern und wo die gefahrvollen Abschnitte beginnen bzw. enden. Werden nur wenige Lurche überfahren, sollte man von dem aufwendigen Vorhaben Abstand nehmen. Liegen die Zahlen wandernder Lurche bei 100 oder gar tausenden Tieren, lohnt sich der Einsatz.
- Stellen Sie bereits jetzt fest, ob genügend Helfer beim Auf- und Abbau und besonders bei der Betreuung des Krötenzaunes zur Verfügung stehen. Ist das nicht der Fall, müssen Sie sich um weitere Leute bemühen oder notgedrungen das Vorhaben fallen lassen.
- Erkundigen Sie sich, wem die Flächen gehören, auf denen der Zaun aufgestellt werden soll, und lassen Sie sich am besten eine schriftliche Zustimmung der Eigentümers geben. Das vermeidet späteren Ärger.

Da der Zaun meist parallel zur Straße an der Böschung errichtet wird, sollte der Plan unbedingt frühzeitig mit dem Straßenbauamt abgestimmt werden. Gleichzeitig sollte das Aufstellen von Hinweisschildern und Geschwindigkeitsbegrenzungen geklärt werden. Führt die Straße durch ein Waldgebiet, muss außerdem auch das Forstamt informiert werden.

Bild 29: Häufig verharren Erdkröten im Scheinwerferlicht von Autos und werden dann überfahren.

Bild 30: Die am Zaun entlang laufenden Erdkröten fallen in die eingegrabenen Eimer.

Bild 31: Hinweisschilder machen auf die bedrohten Tiere aufmerksam.

Bild 32:
Beim Bau eines Krötenzauns müssen einige Dinge beachtet werden. Durch schräges Einrammen der Pfähle wird verhindert, dass die Kröten den Zaun überklettern (1). Rechts (2) eine Möglichkeit, einen Zaun mit abgewinkelten Eisenpfählen selbst zu bauen. Dazu werden Winkelprofile (ca. 3x3 cm) mit der Eisensäge angeschnitten und im Schraubstock gebogen. Das Zaunmaterial sollte ca. 10 cm tief eingegraben werden (3). Die Eimer werden unmittelbar am Zaun im Erdboden versenkt (4).

▸ Materialbeschaffung und -finanzierung stellen oft ein Problem dar. Besprechen Sie daher Ihr Vorhaben mit der Naturschutzbehörde in der Kreisstadt. Diese, aber auch Straßenbauämter stellen häufig Zaunmaterial oder Geld für die Anschaffung zur Verfügung. Das Forstamt oder eine örtliche Baustoffhandlung liefert vielleicht kostenlos die für die Befestigung notwendigen Holzpflöcke oder anderes Baumaterial. Fragen kostet nichts!

▸ Der Zaun sollte folgende Anforderungen erfüllen:

1. für Lurche unüberwindbar,
2. wetterbeständig und langlebig, damit er auch in den folgenden Jahren wiederverwendbar ist,
3. leicht auf- und abzubauen,
4. preisgünstig.

Materialien für den Zaunbau: Kunststoffgitternetze oder Maschendraht mit einer Maschenweite von etwa 4 mm sind besonders geeignet. Durch gröberen Maschendraht können Molche oder Jungkröten hindurchschlüpfen. Vielfach verwendete Plastikfolie ist zwar billiger, aber ihre Funktion hängt stark von der Festigkeit der Folie ab. Zu dünnes Material ist witterungsanfällig, reißt leicht, besonders bei starkem Wind, und dehnt sich bei Erwärmung durch die Frühjahrssonne aus. Die Folge ist, dass die Folie stellenweise herunterhängt und von den Lurchen überklettert werden kann. Besser geeignet sind dagegen Hartkunststofffolien. Kunststoffgewebe, Holz und Well-Scobalit erfüllen ebenfalls ihren Zweck, sind jedoch aufwendiger beim Aufbauen. Herstellerfirmen kann man bei Naturschutzverbänden oder -behörden erfragen. Außerdem müssen normale 10-Liter-Plastikeimer besorgt werden.

Das Zaunmaterial sollte eine Breite von 40–50 cm haben. Je nach Material brauchen Sie zum späteren Aufstellen und Befestigen des Zaunes 70–80 cm lange Holzpflöcke oder Eisenstangen. Ferner werden Nägel, Krampen (Schlaufen) oder Draht benötigt. Es ist jedoch besser, den Zaun später nicht direkt an die Pflöcke zu nageln, sondern mittels einer weiteren Holzlatte, die auf den Pflock genagelt wird, einzuklemmen. Das schont das Zaunmaterial beim Abbau und ermöglicht eine längere Verwendungsdauer.

Wie viel Zaunmaterial benötigt wird, hängt natürlich von der Länge des Straßenabschnittes ab, den die Kröten kreuzen. Soll auch die Rückwanderung gesichert werden, brauchen Sie die doppelte Länge. Für 100 m Zaun benötigt man etwa 40 Pflöcke und 4–5 Plastikeimer.

▸ Ende Januar sollten diese Punkte erledigt sein. Stellen Sie jetzt einen Einsatzplan für den Auf- und Abbau sowie für die Kontrollgänge auf: Von dem Tag an, an dem der Zaun steht und die Eimer eingegraben sind, muss die Kontrolle

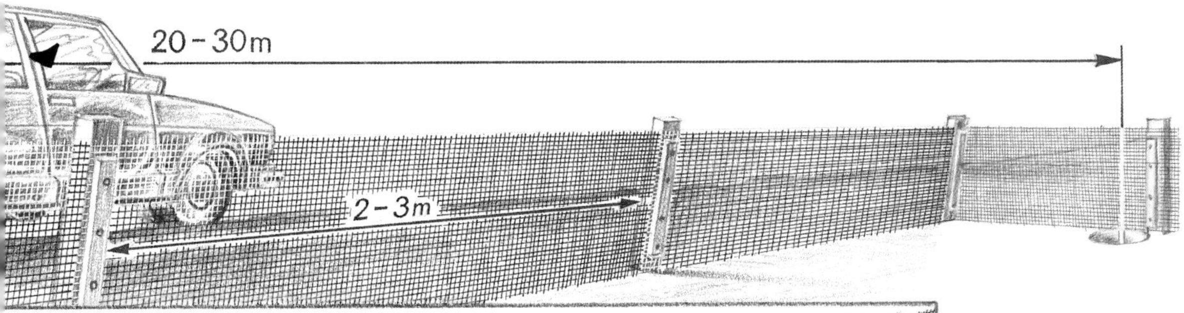

2

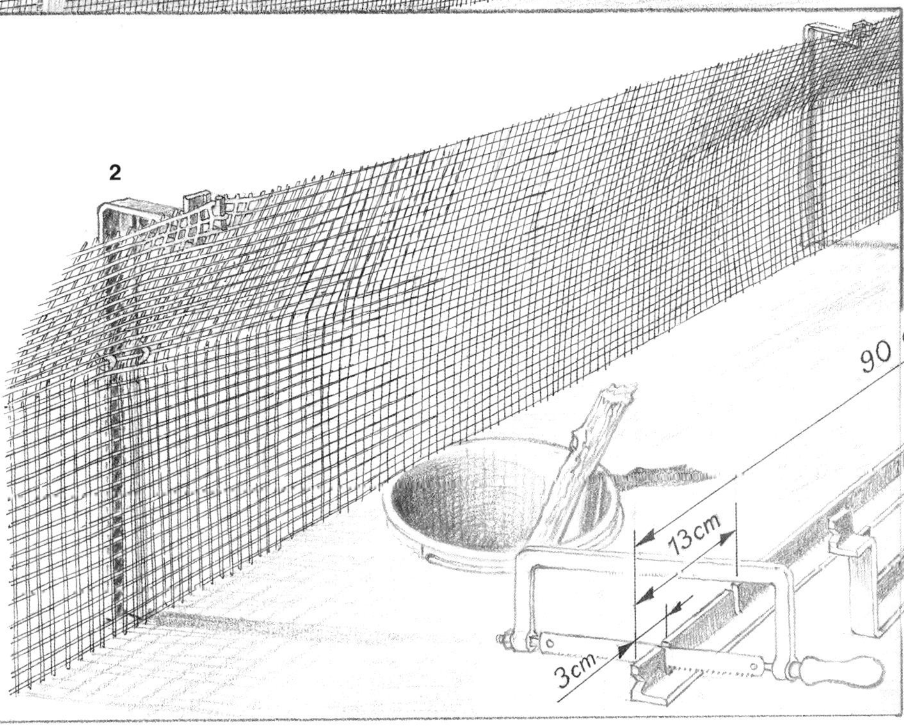

funktionieren. In einem Kalender wird namentlich eingetragen, wer an welchen Tagen morgens oder abends „Krötendienst“ hat. Sie müssen sich darüber im Klaren sein, dass die Eimer für Kröten, Molche oder Spitzmäuse zur Todesfalle werden, wenn sie nur einen Tag nicht geleert werden. Abhilfe könnten hier nur feste Deckel schaffen, mit denen die Eimer an Tagen ohne Kontrolle verschlossen werden.

▸ Nun geht es richtig los. Je nach Witterungsverlauf bereits im Februar, in Norddeutschland normalerweise erst Anfang März beginnen Sie mit dem Zaunaufbau. Auf der mit dem Straßenbauamt oder dem Besitzer festgelegten Trasse wird mit Spaten und Hacke eine 5–10 cm tiefe Rinne gegraben. Schlagen Sie alle 2–3 m einen Pflock in die Erde, und befestigen Sie den Zaun an der straßenabgewandten Seite der Holzpflöcke. Die Pflöcke können sonst die Fortbewegungsrichtung der Kröten am Zaun ungünstig beeinflussen oder bieten Möglichkeiten zum Emporklettern.

Anschließend wird der Zaun 5–10 cm tief in die Rinne eingegraben und sorgfältig mit der ausgeworfenen Erde abgedichtet. Damit wird den Kröten ein Durchschlüpfen verwehrt. Um ein Überklettern des Zaunes durch die Lurche ausschließen zu können, sollte dieser beim Aufbau leicht in Richtung der anwandernden Tiere geneigt oder einfach nur der obere Rand umgebogen werden. Damit die Erdkröten den Zaun nicht an den Enden umgehen, sollte er im Winkel von der Straße weggeführt werden. Zusätzlich wird an den Endpunkten jeweils ein Eimer eingegraben. Die übrigen Eimer werden in einem Abstand von 30–40 m – stehen mehr Eimer zur Verfügung, auch dichter – so im Boden versenkt, dass der obere Rand bündig mit der Oberfläche abschließt und zwischen Zaun und Eimerrand kein Laufsteg bleibt.

Durch den Eimerboden werden kleine Löcher gebohrt, damit bei Regen das Wasser abfließen kann. Sie müssen jedoch so klein sein, dass Molche nicht hindurchkriechen können. Da die Eimer für andere Zwecke nicht mehr verwendet werden können, sind sie gleichzeitig vor Diebstahl sicher. Füllen Sie noch etwas Laub in die Eimer, und stellen Sie einen Stock für den Fall hinein, dass Mäuse oder Spitzmäuse hineinfallen. Schon jetzt sollten die Eimer mit einer wetterfesten Farbe durchnummeriert und der Standort in einen Lageplan eintragen werden. Sind genügend Helfer für die Betreuung des Fangzaunes verfügbar, kann man auch auf der anderen Straßenseite die Rückwanderung der Kröten durch einen Zaun sichern. Diese kann aber über Wochen andauern, da sie weniger massiv und gerichtet verläuft. Entsprechend werden auch weniger Kröten überfahren. Kaum zu sichern ist die Abwanderung der Jungkröten im Sommer.

▸ Jetzt sollte die Naturschutzbehörde bzw. das Straßenbauamt benachrichtigt und die Aufstellung der besprochenen Schilder angefordert werden, die bis zum Beginn der Krötenwanderung mit einem Sack verhängt werden. Besorgen Sie sich außerdem reflektierende Schutzjacken und Warnblinkleuchten (Straßenmeisterei, Bauhof), um bei den nächtlichen Kontrollgängen auch für nahende Autos sichtbar zu sein. Damit Sie bei der Kontrolle die Hand frei haben, benutzen Sie Taschenlampen mit langlebigen Batterien, die an der Kleidung befestigt werden können.

▸ Fertigen Sie einen Kontrollbogen an, auf dem Sie je Kontrollgang folgende Notizen vermerken können: Datum, Uhrzeit, Witterung (trocken, Regen, Wind), eventuell auch Bodentemperatur und Luftfeuchtigkeit, Eimernummer, Anzahl der Krötenmännchen, -weibchen und Tiere mit unbestimmtem Geschlecht, andere Arten und deren Anzahl. Unten sehen Sie eine Zeile zum Zusammenzählen der Einzelergebnisse vor, in die Sie auch überfahrene Kröten eintragen können. Fertigen Sie genügend Kopien des Bogens an. Die Anzahl der Kröten pro Eimer am Ende der Saison ermöglicht beispielsweise bei Tunnelplanungen, genaue Aussagen über die wichtigsten Kreuzungspunkte zu machen. Geschlechterverhältnis, Gesamtzahlen und Tagesergebnisse geben über den Wanderverlauf sowie über Größe, Zusammensetzung und Schwankungen des Bestands Aufschluss.

▸ Hören Sie jetzt täglich die Wettervorhersage, denn bei Regen und ansteigenden Temperaturen über 5°C muss mit dem Beginn der Erdkrötenwanderung gerechnet werden.

▸ Ist dieser Zeitpunkt erreicht, muss alles, was von langer Hand vorbereitet wurde, wie am Schnürchen laufen. Die Schilder werden sichtbar gemacht. Die Lokalzeitung sollte über das Problem der Krötenwanderung informiert werden, verbunden mit einem Hinweis an die Autofahrer, an den beschriebenen Straßenabschnitten langsam und vorsichtig zu fahren. Von nun an müssen jeden Abend zwischen 21 und 22 Uhr, ganz besonders aber morgens gegen 7 Uhr die Eimer kontrolliert werden. Warme Kleidung, Regenschutz, reflektierende Schutzjacken, Warnblinkleuchten und Taschenlampen, Kontrollbögen, Bleistift nicht vergessen! Der Einsatzplan hilft Ihnen jetzt. Eine abendliche Kontrolle kann im Notfall einmal ausfallen, eine morgendliche nie! Lurche können bei Sonnenschein im Eimer innerhalb weniger Stunden vertrocknen. Ist eine ständige Kontrolle nicht mehr gewährleistet, muss die Aktion abgebrochen, die Eimer ausgegraben und der Zaun entfernt werden. Nur an Abenden bzw. in Nächten mit Frost kann pausiert werden. Füllen Sie bei jedem Kontrollgang den vorbereiteten Bogen sorgfältig aus. Andere Arten kennen Sie eventuell von Ihren Beobachtungsgängen, notfalls nehmen Sie ein Bestimmungsbuch zur Hand. Die Männchen der Erdkröte erkennt man an den Daumenschwielen, die sie zum Festhalten der Weibchen benötigen. Sind Sie bei der Geschlechtsbestimmung unsicher, fassen Sie die Kröten mit Daumen und Zeigefinger hinter den Achseln. Männchen stoßen in den meisten Fällen einen kurzen Abwehrruf aus. Nachdem die Lurche in einen Sammeleimer umgesetzt worden sind, tragen Sie diesen über die Straße. Vorsicht beim Überqueren! Den Inhalt kippen Sie jenseits des Straßengrabens behutsam auf den Boden. Die Kröten sollen nicht ins Laichgewässer gebracht werden, da sie sich noch in der Wanderphase befinden und sonst eventuell das Wasser wieder in Richtung Straße verlassen!

▸ Ist der Zaun nur für die Hinwanderung aufgebaut worden, muss dieser spätestens dann wieder entfernt werden, wenn die ersten Kröten nach dem Laichen auf dem Rückmarsch sind. In Abhängigkeit vom Witterungsverlauf wird dies nach 2–3 Wochen der Fall sein. Eimer entfernen und Bodenlöcher mit Erde füllen! Befindet sich der Zaun auf beiden Straßenseiten, müssen die Erdkröten nun in die entgegengesetzte Richtung getragen werden. Auch jetzt füllen Sie die Kontrollbögen aus. Nach weiteren 2–3 Wochen werden die meisten Kröten das Laichgewässer verlassen haben. Sinken die Fangzahlen, wird auch dieser Zaun entfernt.

▸ Benachrichtigen Sie das Straßenbauamt, dass die Schilder wieder abgebaut werden können. Die Krötenrettungsaktion ist zu Ende. Die Auswertung der Kontrollbögen kann beginnen.

Bild 33: Fasst man Erdkröten mit Daumen und Zeigefinger hinter den Achseln, stoßen die Männchen Abwehrrufe aus.

Gewässer entrümpeln

Bei Spaziergängen und Wanderungen durch die Natur wird man leider immer wieder feststellen, dass manche Menschen besonders kleinere Tümpel und Weiher gedankenlos dazu benutzen, ihren Hausmüll zu entsorgen. Meistens finden sie Nachahmer, und innerhalb kürzester Zeit verwandelt sich ein wertvoller Lurchlebensraum in eine hässliche Müllkippe. Verrostete Kühlschränke, Stacheldraht, ausgediente Autositze und Konservendosen liegen dort, wo noch vor wenigen Wochen Uferpflanzen wie Rohrkolben und Froschlöffel standen. Ein schmieriger

Bild 34:
Leider benutzen auch heute noch viele Menschen Kleingewässer, um ihren Müll dort loszuwerden.

Öl- und Schmutzfilm überzieht die Wasseroberfläche. Was kann man dagegen tun? Die Schilder „Schutt abladen verboten" haben jedenfalls nichts genützt.

Auch hier besteht die Möglichkeit, zusammen mit Nachbarn, Freunden oder Gleichgesinnten, das Gewässer wieder vom Müll zu befreien. Die zuständige Naturschutzbehörde, der Naturschutzbeauftragte oder der Bürgermeister sollten angesprochen werden, denn ohne Hilfe wird man den Dreck nicht wegschaffen und entsorgen können. Doch eventuell findet sich ein Landwirt, der seinen Trecker mit Hänger zur Verfügung stellt, eine Transportfirma, die einen Müllcontainer aufstellt, oder ein Tiefbauunternehmen, das einen Bagger bereitstellt, um die großen sperrigen Gegenstände aus dem Wasser zu hieven. Die anfallenden Kosten für die Säuberungsaktion übernimmt vielleicht der Landkreis.

Lohnt sich die Mühe? Bestimmt! Die Öffentlichkeit wird aufmerksam gemacht. Es bleibt zu hoffen, dass keiner der Dorfbewohner mehr seinen Müll in dem gereinigten Gewässer abladen wird. Sicherheitshalber sollte man aber die Zufahrt mit großen Findlingen blockieren und mit einer Tafel auf den erhaltenswürdigen Lurchlebensraum hinweisen.

Schon ein Jahr später wird man feststellen können, dass kaum noch etwas von der letztjährigen Verwüstung zu sehen ist. Rohrkolben und Froschlöffel wachsen bereits wieder, Berg-, Teich- und Kammmolch sowie Grasfrosch und Erdkröte haben sich zur Paarung am Gewässer eingefunden. Solche Entrümpelungsaktionen sprechen sich herum und finden vielleicht Nachahmer in Nachbargemeinden.

Aktionsplan

Stellen Sie bei Ihren Beobachtungsgängen oder Kartierungsarbeiten verbotene Müllablagerungen fest, sollten Sie alles daransetzen, das Gewässer vor einer vollständigen Verfüllung zu retten. Stellen Sie sich einen Plan auf, nach dem Sie Schritt für Schritt vorgehen:

- Haben Sie eine Kamera dabei, fotografieren Sie das Gewässer mit dem Müll. Auf jeden Fall notieren Sie sich in Stichworten Ihre Beobachtungen und das Datum. Vorteilhaft ist es, wenn Sie das Gewässer von früheren Exkursionen kennen, Fotos vor der Verfüllung besitzen und wissen, welche Lurche und anderen Tierarten hier lebten. Manchmal findet man zwischen dem Müll auf Zeitungen, Briefen oder Kartons auch Adressen, die einen Hinweis auf den oder die Umweltfrevler geben.
- Wenden Sie sich an den Besitzer, sofern Sie ihn kennen, oder an die Gemeindeverwaltung und bitten um Beseitigung des Mülls. Bieten Sie dabei gleichzeitig Ihre Hilfe an. Es ist besonders darauf zu achten, dass der Müll nicht einfach mit Erde überdeckt oder das Gewässer nun vollständig verfüllt wird.
- Lässt sich der Besitzer oder Verursacher nicht ermitteln oder haben mehrere Einwohner ihren Dreck abgeladen, kann man im Dorf einen Aushang machen und die Dorfbewohner bitten, bei einer Entrümpelungsaktion zu helfen.
- Informieren Sie die zuständige Naturschutzbehörde und den Naturschutzbeauftragten über die verbotene Müllablagerung und Ihre geplante Säuberungsaktion, und bitten Sie um Unterstützung. Auch örtliche Naturschutzvereine helfen sicher mit Rat und Tat.
- Zeitpunkt der Entrümpelung: Sind Chemikalien ins Wasser gelangt, muss sofort etwas unternommen werden. Ansonsten eignen sich am besten die Monate Oktober bis Februar für eine solche Aktion. Lurche und ihre Larven haben zu dieser Zeit in der Regel das Wasser verlassen.
- Haben Sie einen Tag für die Entrümpelung festgelegt, am besten einen Samstag, benötigt man folgende Gerätschaften: Müllcontainer (Landkreis / Transportfirmen), Schlepper, Räumfahr-

zeuge oder Bagger bei größeren Gegenständen wie Autos und Kühlschränken (Landwirte / Bauunternehmer), Seile zum Herausziehen, Schubkarren, Gummistiefel, alte Kleidung – und gute Verpflegung samt Getränken.

- Sie sollten nicht vergessen, die Lokalpresse zu informieren. Berichte in der Zeitung verstärken nicht nur den eigenen Antrieb, sondern können auch eine positive Signalwirkung für weitere Aktivitäten zum Schutz der Lurche haben.
- Ist die Entrümpelung erfolgreich abgeschlossen, sollten Zufahrtswege für Fahrzeuge, mit denen neuer Müll herangefahren werden könnte, mit Bäumen oder Sträuchern, großen Feldsteinen oder einem festen Holzbalken (Schranke) versperrt werden.
- Beobachten Sie auch in der folgenden Zeit die Entwicklung des gesäuberten Gewässers.

Weitere Schutzmaßnahmen

Insbesondere in landwirtschaftlich intensiver genutzten Gebieten führt der ständige Eintrag von Nährstoffen wie z.B. Dünger zu einer immer schnelleren Sukzession, letztendlich zur Verlandung von Kleingewässern. Auch wenn dies in unserer heutigen Kulturlandschaft ein natürlicher Prozess ist, so bedeutet es einen Verlust weiterer Laichgewässer von Amphibien. Um den Lebensraum wieder zu optimieren und attraktiv zu halten, besteht die Möglichkeit, eine vorsichtige Entschlammung mit einem Bagger zu veranlassen. Die Arbeiten müssen sehr behutsam durchgeführt werden, damit nicht unbeabsichtigt wasserhaltende Ton- oder Lehmschichten durchbrochen werden. Der beste Zeitpunkt hierfür stellen die Monate September / Oktober dar. Um diese Zeit befinden sich die Gewässerbewohner noch nicht in der Winterruhe. Ein Teil von ihnen kann eventuell aktiv ausweichen; einige haben zumindest eine Chance, nach diesem starken Eingriff noch wieder in das Gewässer zurückzukehren. Da auch Verlandungsgewässer Lebensraum für gefährdete Arten bieten können, sollten derartige Maßnahmen nur dort durchgeführt werden, wo es unbedingt notwendig ist. Außerdem sollten sie grundsätzlich mit der Naturschutzbehörde abgestimmt werden, um Fehler zu vermeiden.

Die meisten Amphibienarten bevorzugen sonnige Gewässer, da die Entwicklung der Eier und Larven ganz wesentlich von der Wassertemperatur abhängt. Schattige Gewässer sind meistens kühl. Auch hier kann es sinnvoll sein und notwendig werden, am Ufer aufkommende Bäume wie z.B. Weiden oder Erlen zurückzuschneiden. Während die Bäume im Norden des Gewässers stehenbleiben und sogar Windschutz bieten können, sollte man Schatten werfende Bäume und Sträucher im Südosten, Süden und Südwesten entfernen.

Pionierarten wie die Gelbbauchunke oder die Kreuzkröte sind heute überwiegend Bewohner von Abgrabungen, insbesondere von Sand-, Kies- und Tongruben. Solange hier Abbau stattfindet, bedingt dieser eine künstliche Dynamik, d.h. Rohboden wird freigelegt, neue Kleinstgewässer entstehen. Ist der Abbau beendet, fassen je nach Bodenart innerhalb kurzer Zeit Gräser, Kräuter und Gehölze Fuß. Der Lebensraum verändert sich als Folge davon, die Pionierarten müssten auf andere Standorte ausweichen, die es heute in der Regel nicht mehr gibt. Will man diese Lebensräume erhalten, ist es notwendig, in regelmäßigen Abständen die aufkommende Vegetation abzuschieben, den rohen Boden wieder freizulegen und neue vegetationslose Kleinstgewässer anzulegen. Auch diese Maßnahmen sollte man am besten in den Herbst- oder Wintermonaten durchführen.

Die Öffentlichkeit informieren

Es gibt viele Möglichkeiten, Lurchen zu helfen. Um sie alle darzustellen, reicht der Platz nicht. Es hat sich gezeigt, dass man als einzelner bei vielen Vorhaben vor einer nicht zu bewältigenden Aufgabe steht. Deshalb sollte man gegebenenfalls nach Gleichgesinnten suchen oder aktives Mitglied in einem Naturschutzverband werden, der sich gleiche Ziele zur Aufgabe gestellt hat. Gleichgesinnte trifft man jedoch nicht, wenn man im Verborgenen arbeitet. Dazu muss man an die Öffentlichkeit treten. Es werden viele Hände gebraucht!

Vieles zum Schaden unserer Lurche geschieht aus Unkenntnis oder Verständnislosigkeit. Auch deshalb ist es wichtig, die Öffentlichkeit zu informieren und um mehr Verständnis für die bedrohten Lurche und Ihre Schutzaktionen zu werben.

Hier noch einige Vorschläge:

- Durch interessant gestaltete Informationsabende kann man weitere Gleichgesinnte gewinnen. Themen? Aus Ihrer Arbeit: Krötenrettungsaktion, Neuanlage von Gewässern, Gartenteich, Entrümpelung, Kartierung, Bestimmung, Biologie der Lurche, am besten mit Dias. Informationsschriften, Poster und Aufkleber kann man zum Teil von Naturschutzvereinen oder -behörden kostenlos erhalten.
- Organisieren Sie für Jugendliche und Erwachsene eine Führung durch die Feldmark. Dort können Sie die Lurche und die Probleme des Amphibienschutzes am eindrucksvollsten zeigen.

Register

Fett gedruckte Seitenzahlen verweisen auf Abbildungen.

Literatur

Beck, P.: Gartenteiche. Anlegen, pflegen, genießen. Franckh-Kosmos Verlag, Stuttgart 2000.

Beck, P.: Treffpunkt Wassergarten. Tiere anlocken, beobachten und bestimmen. Franckh-Kosmos Verlag, Stuttgart 1999.

Berninghausen, F.: Welche Kaulquappe ist das? Naturschutzbund Deutschland, Landesverband Niedersachsen, Hannover 1998 (5. Aufl.).

Blab, J. und H. Vogel: Amphibien und Reptilien erkennen und schützen. BLV, München 1996.

Diesner, G. und J. Reichholf: Lurche und Kriechtiere. Steinbachs Naturführer, Mosaik Verlag, München 1986.

Engelhardt, W.: Was lebt in Tümpel, Bach und Weiher? Franckh-Kosmos Verlag, Stuttgart 1996.

Günther, R. (Hrsg.): Die Amphibien und Reptilien Deutschlands. Gustav Fischer Verlag, Jena 1996.

Gruber, U.: Amphibien und Reptilien. Franckh-Kosmos Verlag, Stuttgart 1994.

Helberg, Th.: Wassergärten. Franckh-Kosmos Verlag, Stuttgart 1995.

Nöllert, A. und C.: Die Amphibien Europas - Bestimmung, Gefährdung, Schutz. Franckh-Kosmos Verlag, Stuttgart 1992.

Thielcke, G., C.-P. Hutter und R. L. Schreiber: Rettet die Frösche. Pro Natur Verlag, Stuttgart 1983.

Adressen

Bund für Umwelt und Naturschutz Deutschland (BUND)
Am Köllnischen Park 1
10179 Berlin

Deutsche Gesellschaft für Herpetologie und Terrarienkunde (DGHT)
Postfach 14 21
53351 Rheinbach

Deutscher Naturschutzbund (NABU)
Invalidenstr. 112
10115 Berlin

Deutscher Naturschutzring (DNR)
Am Michaelshof 8-10
53177 Bonn

Deutscher Jugendbund für Naturbeobachtung (DJN)
Justus-Strandes-Weg 14
22337 Hamburg

Umweltstiftung WWF-Deutschland
Rebstöcker Str. 55
60326 Frankfurt a. M.

Naturschutzbund Österreich (ÖNB)
Arenbergstr. 10
A-5020 Salzburg

Pro Natura (Schweiz)
Postfach
CH-4020 Basel

Tageskontrollbogen für Krötenzaun .... ☐ **Hin -** ☐ **Rückwanderung**

Datum ☐ morgens ☐ abends	Uhrzeit	Witterung	Temperatur	Luftfeuchtigkeit

Eimernummer	Erdkröte			Grasfrosch	weitere Arten		
	männl.	weibl.	nicht bestimmt				
1							
2							
3							
weitere Eimer							
	+	+					
Summe	=						
überfahrene Tiere							

Rufe der Frösche und Kröten auf der CD

Die Frösche und Kröten auf dieser CD sind systematisch und nach ihren Fortpflanzungszeiten geordnet. Über die heimischen Arten hinaus sind auf der CD noch folgende europäische Arten zu hören: Italienischer Springfrosch, Gemalter Scheibenzüngler, Messerfuß, Westlicher Schlammtaucher, Mittelmeer-Laubfrosch, Grafscher Hybridfrosch und Iberischer Wasserfrosch.

I. „Braunfrösche" (Februar – März)

1. **Grasfrosch** (*Rana temporaria*): Rufe einiger Männchen unter Wasser bei Nacht
2. **Springfrosch** (*Rana dalmatina*): Rufe einiger Männchen unter Wasser bei Nacht
3. **Moorfrosch** (*Rana arvalis*): nächtliche Rufe einiger Männchen unter Wasser
4. **Italienischer Springfrosch** (*Rana latastei*): zwei rufende Männchen am Ufer eines Fischteiches bei Nacht

II. Kröten (Februar – März – April)

5. **Erdkröte** (*Bufo bufo*): Ruf eines isolierten Männchens unter Wasser am Tage. Danach Rufe einiger Männchen unter Wasser in der Nacht, die Männchen werben mit ihren Rufen um die Gunst der Weibchen.
6. **Kreuzkröte** (*Bufo calamita*): drei rufende Männchen am Ufer eines Teiches bei Nacht
7. **Wechselkröte** (*Bufo viridis*): Die Rufe dieser drei Männchen wurden an einem Fluss während der Nacht aufgenommen.

III. Scheibenzüngler und Krötenfrösche (März – April – Mai)

8. **Gemalter Scheibenzüngler** (*Discoglossus pictus*): nächtliche Rufe einiger Männchen an der Teichoberfläche
9. **Gelbbauchunke** (*Bombina variegata*): nächtlicher Chor der Männchen auf der Teichoberfläche
10. **Rotbauchunke** (*Bombina bombina*): zwei rufende Männchen in einem Waldtümpel bei Nacht
11. **Gemeine Geburtshelferkröte** (*Alytes obstetricans*): nächtlicher Chor der Männchen in einem Garten
12. **Messerfuß** (*Pelobates cultripes*): zwei Männchen am Teichufer bei Nacht
13. **Knoblauchkröte** (*Pelobates fuscus*): nächtliche Rufe zweier Männchen am Ufer eines Fischteiches
14. **Westlicher Schlammtaucher** (*Pelodytes punctatus*): Rufe einiger Männchen an der Teichoberfläche bei Nacht

IV. Laubfrösche (April – Mai – Juni)

15. **Europäischer Laubfrosch** (*Hyla arborea*): rufende Männchen in der Nähe eines Fischteiches bei Nacht
16. **Mittelmeer-Laubfrosch** (*Hyla meridionalis*): nächtliche Rufe einiger Männchen an einem Tümpel

V. Grünfrösche (April – Mai – Juni – Juli)

17. **Seefrosch** (*Rana ridibunda*): Chor der Männchen und einige Revierrufe an einem Fischteich bei Tage
18. **Grafscher Hybridfrosch** (*Rana kl. grafi*): Revierrufe und Chor der Männchen während des Tages an einem Fischteich
19. **Iberischer Wasserfrosch** (*Rana perezi*): Chor der Männchen und einige Revierrufe an einem Fischteich am Tage
20. **Teichfrosch** (*Rana kl. esculenta*): Chor der Männchen und einige Revierrufe an einem Fischteich am Tage
21. **Kleiner Wasserfrosch** (*Rana lessonae*): Chor der Männchen und Revierrufe an einem Fischteich bei Tage